Complete
Interior Decoration Design

Light Luxury Style

软装 | 全案设计教程
轻奢风格

李江军 王梓羲 主编

江苏凤凰科学技术出版社

南 京

图书在版编目（CIP）数据

软装全案设计教程. 轻奢风格 / 李江军，王梓羲主编. —— 南京：江苏凤凰科学技术出版社，2020.8
ISBN 978-7-5713-1159-9

Ⅰ. ①软… Ⅱ. ①李… ②王… Ⅲ. ①室内装饰设计－教材 Ⅳ. ①TU238.2

中国版本图书馆CIP数据核字(2020)第090934号

软装全案设计教程　轻奢风格

主　　　编	李江军　　王梓羲	
项 目 策 划	凤凰空间／彭　娜	
责 任 编 辑	赵　研　　刘屹立	
特 约 编 辑	张爱萍	

出 版 发 行	江苏凤凰科学技术出版社
出版社地址	南京市湖南路1号A楼，邮编：210009
出版社网址	http://www.pspress.cn
总 经 销	天津凤凰空间文化传媒有限公司
总经销网址	http://www.ifengspace.cn
印　　　刷	北京博海升彩色印刷有限公司

开　　　本	889 mm×1194 mm　1／16
印　　　张	17
字　　　数	218 000
版　　　次	2020年8月第1版
印　　　次	2020年8月第1次印刷

标 准 书 号	ISBN 978-7-5713-1159-9
定　　　价	288.00元（精）

图书如有印装质量问题，可随时向销售部调换（电话：022-87893668）。

无论是业主还是设计师，在对室内空间进行设计前，都应先确定室内设计的基本格调，并对室内装饰风格的起源、特征以及要素等知识进行一定的了解。轻奢风格强调空间的品质感和时尚感，奢华而富有内涵，常通过软装饰品对简单朴素的空间加以修饰，让空间显得简约精致，并富有现代感。

在轻奢风格看似简洁朴素的外表之下，常折射出奢华与尊贵的品质，这种品质大多通过各种装饰材料来体现。如高雅贵气的金属元素、纹理优美的大理石、富有光泽的摆件以及舒适华贵的布艺搭配等。在造型设计上，讲究呈现室内的简约感以及轻奢气质，背景墙、吊顶大都会选择干净利落的直线条装饰。最常见的手法是墙面结合硬包、石材、镜面及木饰面等做几何造型，以增强空间的立体感。

本书对轻奢风格的全案设计进行了深入细致的剖析。基础部分介绍了轻奢风格的发展历程，并对轻奢风格装饰特征进行了解析，让读者对轻奢风格有一个清晰的认识。接下来的内容则偏向于对轻奢风格软装全案实战设计的介绍，其中轻奢风格常见设计类型的内容，更是多位国内知名设计师的经验分享。色彩设计是软装全案设计的重要组成部分，编者邀请软装色彩教育机构的专业老师对理论与案例进行解析，为大家总结出轻奢风格色彩搭配的要点。除色彩设计外，本书还图文并茂地解析了轻奢风格中装饰材料、家具类型、照明灯饰、布艺织物、软装饰品等元素的设计及搭配要点，以充分激发读者的设计思路。

任何室内装饰风格都不是死板僵硬的模板公式，而是为设计者提供一个方向性的指南。本书内容通俗易懂，摒弃了传统风格类图书诸多枯燥的理论表述，图文并茂地给读者上了一堂颇具深度的软装风格设计课。即使是没有设计基础的装修业主，读完本书后，也基本能对轻奢风格有所掌握。

目录
Contents

第三章
轻奢风格空间配色美学

第一章

轻奢
风格

形成与发展

POINT

轻奢风格的定义

　　严格来说，轻奢不是一种风格，而是一种氛围，一种表现手法。如果从字面意思解释，轻，是一种优雅态度，代表低调、舒适，却无损高贵与雅致；奢，是一种让人没有压力的追求品质和精致生活的状态。

　　所谓轻奢风格的室内空间设计，简而言之，就是拥有高雅的时尚态度，并不断追求高品质的生活享受，但又不过分要求奢华与繁复。用软装饰品对简单朴素的空间加以修饰，将一些古典的风格变得更年轻、更现代，将一些繁复的风格变得更简洁、更时尚，更具时代感。

> 尚舍一屋

⊙ 丝绒

轻奢风格虽然注重简洁的设计，但并不像简约风格那样随意，在看似简洁朴素的外表之下，折射出一种隐藏的贵族气质。这种气质大多数通过各种设计细节来体现，如自带高雅气质的金色元素、纹理自然的大理石、满载光泽的金属，以及令人舒适慵懒的丝绒等。

> 刘荣禄设计

⊙ 金属

> 黄志达设计

⊙ 大理石

> 集艾设计

⊙ 丝绒与金属材质结合的床靠

对轻奢风格最熟悉的莫过于"80后、90后"的消费者，他们的审美为时代所影响，同时他们是一群对时尚、对艺术、对生活都有着高要求的人，更注重品位与个性。轻奢指的是倡导"轻奢华，新时尚"的现代生活理念，与财富多寡、地位高低无关，更多的是代表对高品质生活的追求。在多元化的现代社会中，轻奢生活的意义在于可以提升品位，增强身份认同感。

⊙ 空间中出现多处金色的装饰细节

> 施少芬设计

> 施少芬设计

⊙ 轻奢风格表现出一种精致感，代表的是对高品质生活的追求

轻奢风格发展背景

　　轻奢风格的诞生主要来自于奢侈品发展的下延，但重点仍然在于"奢"。现代社会的快速发展，使人们在有了一定的物质条件后，开始追求更高的生活品质。这也促使现代家居设计产生了品位和高贵并存的设计理念。"轻奢"顾名思义即轻度的奢华，但又不是浮夸，而是一种精致的生活态度。将精致融入生活正是对轻奢风格最好的表达。

　　此外，轻奢风格以简约风格为基础，摒弃了一些如欧式、美式等风格的复杂元素，再通过时尚的设计理念，表达出了现代人对于高品质生活的追求。

> YORO 御融设计

⊙ 后现代异形金属茶几

> 冷元宝设计

⊙ 餐桌上的金属花器

在现代室内设计中，装饰艺术风格、港式风格与后现代风格等对轻奢风格的形成和发展起到了至关重要的作用，这三类风格中出现的一些装饰要素常常用于轻奢风格的空间装饰设计。

装饰艺术风格又称 Art Deco 风格，最早出现在建筑设计领域。典型的例子是美国纽约曼哈顿的克莱斯勒大厦与帝国大厦，其共同的特色是有着丰富的线条装饰与逐层退缩结构的轮廓。随着装饰艺术风格建筑的出现与盛行，装饰艺术风格的室内设计也应运而生。建筑中特有的尖拱、肋骨拱、飞扶壁、束柱等形式对装饰艺术风格建筑的设计产生了重要启迪，也成为装饰艺术风格室内装饰设计的重要特征之一。垂直装饰线条、阶梯状向上收缩的造型等，被广泛地运用在室内墙面造型、墙纸以及家具设计中。从建筑立面到室内空间，装饰艺术风格的造型和装饰都趋于几何化。常见的有阳光放射形、阶梯状折线形、V 形或倒 V 形、金字塔形、扇形、圆形、弧形、拱形等。

⊙ 具有时代意义的帝国大厦是装饰艺术风格建筑的杰作

⊙ 经典的装饰艺术风格造型与图案

⊙ 克莱斯勒大厦是 20 世纪 20 年代装饰艺术风格的巅峰之作，更是纽约摩天大楼的代表作之一

装饰艺术风格的空间注重表现材料的质感和光泽，常用合金材料、不锈钢、镜面、天然漆以及玻璃等。金属色系是打造装饰艺术风格华丽特质的常用色彩元素，往往从家具、灯饰到饰品摆件等都充斥着金属的颜色及光泽。装饰艺术风格空间里所搭配的饰品往往会呈现出强烈的装饰性，并且通过灵活运用重复、对称、渐变等美学法则，使几何元素融于饰品中，搭配空间里的其他元素，使空间充满诗意并富有装饰性，如采用金属、玻璃等制造的工艺品、纪念品，与家具表面的丝绒、皮革一起营造出轻奢典雅的空间氛围。

> 布鲁盟设计

⊙ 装饰艺术风格的空间经常呈现出齿轮、金字塔、放射状、扇形等机械美学

⊙ 装饰艺术风格空间常用金属、玻璃等材料表现出特有的质感和光泽

⊙ 金属色系是打造装饰艺术风格华丽特质的常用色彩元素

> 易和极尚设计

⊙ 复古摩登是装饰主义的代名词，在整体布局上讲究古典秩序感

港式风格应用到室内装饰中，既有现代风格的自然简洁，又有港式独有的时尚轻奢感，在高文安、梁志天等一些香港设计大师的作品中可见一斑。

在港式风格的室内装饰中，装饰材质和家具的选择非常讲究，多以金属元素和简洁的线条营造出空间的质感。港式风格空间墙面很少留白，多以石材、镜面或实木等为装饰。大量使用镜面、玻璃、皮革和烤漆等，将不锈钢、铜等新型材料作为辅助材料，是比较常见的装饰手法。高级灰的大理石经常被用在港式风格的墙面或家具中，如大理石茶几、餐桌等。金属材料常常出现在家具的细节装饰上，以显示现代时尚感。

⊙ 港式风格空间的墙面经常出现木饰面、石材、镜面以及金属线条等装饰材料

> 潘旭强设计

⊙ 金属材料在家具的细节装饰上彰显出现代时尚感

⊙ 大理石被用在墙面或家具中是比较常见的装饰手法

后现代风格的空间设计强调突破传统，反对苍白平庸及千篇一律，并且重视功能和空间结构之间的联系，善于发挥结构本身的形式美。往往会以最为简洁的造型，表达出最为强烈的艺术气质。

后现代风格家具主张新旧融合、兼容并蓄的折中主义立场，有目的、有意识地挑选古典建筑中具有代表性的细节，对历史风格采取混合、拼接、分离、简化、变形、解构、综合等方法，运用新材料、新的施工方式和结构构造方法来创造，从而将家具在空间里的装饰作用提到了一个新的高度。

⊙ 法国巴黎蓬皮社艺术中心是 20 世纪世界现代艺术的杰作

⊙ 澳大利亚悉尼歌剧院是后现代风格建筑的代表之一

⊙ 诞生于 20 世纪中叶纽约贫民窟的后现代风格涂鸦艺术

后现代风格的软装设计多采用变形、扭曲等方式，造型独特，工艺精细，每一处装饰都蕴藏着个性与巧思，于低调中诠释着艺术品位。金属是工业化社会的产物，也是体现后现代风格特色最重要的素材；玻璃、不锈钢等新型材料制造的工艺饰品等，都是后现代风格空间中常见的元素。

⊙ 后现代风格的空间设计强调突破传统，讲究创新与独特

⊙ 不规则流线型家具造型独特，于个性中诠释着低调奢华

⊙ 设计上大量运用独特的新材料，给空间创造更多新意

POINT
轻奢风格设计理念

　　轻奢的家居概念，早在几十年前就已在欧美国家流行。而最近几年，轻奢风格才在国内流行起来。轻奢的流行对于消费者的审美有一定的要求。这样的变化，与消费升级下美学的兴起和个性意识的崛起有着紧密的关系。轻奢是消费者的一种真实的需求，是一种审美的升级。只有这种新型的审美，才能与目前的时代趋势相契合。

　　轻奢风格强调现代与古典并重，与现代风格相比，多了几分品质和设计感，流露生活本真纯粹的同时，既奢华又有内涵。

　　当今的室内设计流行"轻硬装、重软装"的设计理念，轻奢风格的空间设计也是如此。其硬装设计简约，线条流畅，不会采用过于浮夸复杂的造型，主要通过后期软装来体现古典气质。

⊙ 轻奢风格的硬装造型设计简洁，常用后期软装体现出古典气质

⊙ 轻奢风格家居强调空间的宽敞与通透

轻奢风格设计特点

　　轻奢风格家居强调室内空间的宽敞与通透，因此经常会出现餐厅与客厅处在同一空间或者开放式卧室的设计。近几年非常流行的LOFT或者大平层很受年轻人的追捧，可谓打造轻奢风格的不二之选。

　　在硬装造型上，轻奢风格空间讲究线条感和立体感，因此背景墙、吊顶大多会选择利落干净的线条作为装饰。墙面通常不会只是朴素的涂料墙面，常用硬包的形式使空间显得更加精致。此外，墙面多采用大理石、镜面及护墙板做几何造型以增添空间的立体感。

⊙ 大理石墙面提升高级感

如果说"轻"用简约的硬装来体现，那么"奢"就是用精致的软装来表达了。轻奢风格的软装搭配简洁而不随意，高级却不浮夸，每一个看似简单的设计背后，无不蕴含着极具品位的贵族气质。而这些气质往往通过家具、布艺、地毯、灯饰等软装细节呈现出来，让人在视觉和心灵上感受到双重的震撼。

轻奢风格对空间的线条以及色彩都比较注重。常以大众化的艺术为设计基础，有时也会将古典韵味融入其中，整体空间在视觉效果以及功能方面的表现都非常简洁、自然。

⊙ 轻奢风格的气质往往通过软装细节进行呈现

空间设计的最终目的是让人能有舒适的居住享受。这种享受除了满目的轻奢元素之外，满足艺术带给人的精神享受也是至关重要的。因此在装饰轻奢风格的空间时，可以适当地在其中融入艺术化元素，比如一幅抽象的艺术挂画、一件富有文艺气息的装饰摆件等。

轻奢风格的个性化可以体现得很具体，比如一盏为特定空间设计的灯饰、一幅名家的画作，以及为空间量身定制的家具等。这些具有不可复制性的元素，都是轻奢风格室内空间的点睛之笔。设计高品质的轻奢风格空间，并不需要太多的奢侈品，也不需要过度烦琐的细节，只需在色彩搭配以及软装设计等环节上进行合理规划，再搭配少数与众不同、别具特色的小物品，就能完美地呈现出轻奢空间的审美与品质。

⊙ 为私宅空间量身定制的灯饰

⊙ 富有艺术气息的抽象装饰画

> 尚舍一屋

· 装饰要素
Decorative Elements

丝绒布艺

· 装饰要素
Decorative Elements

大理石

> 万磊设计

· 装饰要素
Decorative Elements

优雅配色

· 装饰要素
Decorative Elements

水晶玻璃制品

· 装饰要素
Decorative Elements

烤漆家具

· 装饰要素
Decorative Elements

艺术雕塑

· 装饰要素
Decorative Elements

金属材质

· 装饰要素
Decorative Elements

几何图案及造型

> S U N DESIGN

> CCD x 伶居设计

· 装饰要素
Decorative Elements

皮革制品

> TT 同心同盟设计

· 装饰要素
Decorative Elements

艺术抽象画

轻奢风格

第二章

轻奢
风格

常见设计类型

现代轻奢风格

> 竞如设计

⊙ 绒布、皮草、金属与大理石等多种材质组合

⊙ 异形床头柜让人产生眼前一亮的感觉

POINT
空间设计细节

　　现代轻奢风格是一种极其精美的室内装饰风格，它摒弃了传统意义上的奢华与繁复，在继承传统经典的同时，融入现代时尚元素，让室内空间显得更富有活力。现代轻奢风格在空间布局手法上追求简洁，常以流畅的线条来灵活区分各功能空间，表达出精致却不张扬、简单却不随意的生活理念。

现代轻奢风格在装饰材料的选择上，从传统材料扩大到了玻璃、金属、丝绒以及皮革等，并且非常注重环保与材质之间的和谐与互补，呈现出传统与时尚相结合的空间氛围。此外，由于现代轻奢风格的装饰艺术将设计所要表现的内容，由表面的物质世界拓展到了深层次的精神世界，因此在空间中较少出现强调肌理的材质，而更注重几何形体和艺术印象。

轻奢风格追求的是不按惯例出牌的设计，而追求独特的个性是轻奢风格设计的推动力。软装饰品中其实并不需要太多的奢侈品，也不需要过度繁复的造型和花样，只需要用少数与众不同的、别具艺术特色的小物品来彰显生活品位与审美就已足够。

⊙ 以金属、玻璃、陶瓷材质为主的现代工艺品

⊙ 给人强烈视觉冲击的装饰画

现代轻奢风格的空间应尽量挑
选一些造型简洁、色彩纯度较高的
软装饰品，数量上不宜太多，可以
选择一些以金属、玻璃或者陶瓷材
质为主的现代工艺品、艺术雕塑、
艺术抽象画等。此外，一些线条简单、
造型独特，甚至是极富创意和个性
的摆件，都可以作为现代轻奢风格
空间中的装饰元素。

> 印象空间设计

⊙ 多组软装饰品的色彩形成巧妙的呼应

> 上海 G&K

⊙ 大理石与玻璃材质的搭配应用

· 设计主题
Design Theme
宝格丽畅想

· 灵感来源
Inspiration
宝格丽珠宝设计

意大利的宝格丽（BVLGARI）珠宝品牌，其标志性的蛇环设计、奢华宝石、八角星图腾，以及精细入微的细节刻画，都给人留下了深刻印象。

宝格丽的设计融合了古典与现代元素，以现代轻奢风格为基调，将装饰艺术概念融入现代设计之中，融汇多元艺术，从众多艺术流派和文化中汲取灵感，集众之美，闪耀夺目。正如本案现代轻奢风的氛围，既有极简主义的干练，又不乏浪漫精致气质。以宝格丽珠宝的灵韵动感，将宝格丽的标志配色——蓝绿色及金色大胆运用在空间中，打造出时尚奢华的现代空间，让现代轻奢风在室内设计中散发出更多迷人的味道。

· 格调定位
Style Positioning
时尚、精致、安静、雅致

"轻"代表优雅、低调、舒适的生活态度，以及希望在喧嚣的繁华背后有一片舒适和安静的氛围；"奢"则代表着精致奢华的生活品位。在轻奢中融入现代的时尚气息，能更好地打造现代轻奢风格。置身其中，你会发现区别于过去的奢华设计，整个空间既没有过于繁复的造型，亦没有丰富色彩的叠加，而是以一种直撩心底的优雅魔力，给人带来轻松舒适、温馨大气的感觉。

· 色彩定位
Color Positioning

灰色、绿色、蓝色、
典雅黑、金色

空间中的高级灰与蓝色、绿色搭配得恰到好处，蓝色、绿色的搭配使其成为高级灰空间的视线牵引点，而清冷灰的反衬则流露出潇洒的意味。蓝色代表着成熟与睿智，空间以蓝色为点缀色，轻松营造出都市人追求的低调华丽氛围。典雅黑与金色的搭配则将轻奢风的格调完美地呈现出来。搭配好每一个物件，利用好每一种材质，高级却不浮夸，简洁而不随意。让人在视觉和心灵上享受到双重的震撼，才是现代轻奢风格的最佳演绎。

· 材质定位
Material Positioning

丝绒、大理石、
皮革、金属

现代轻奢风格注重设计手法上的简洁、大气，但并非忽视品质和设计感，而是通过奢华的材质，不着痕迹地流露出对于精致、考究生活的追求。

皮质家具搭配大量的大理石材质，提升空间质感。再加上一些闪亮的金属和丝绒装饰元素的点缀，共同演绎轻奢之美。灰蓝色、炭灰色等深色调，则需要在反光材质上，如玻璃、丝绒、镜面等，将华丽的格调最大化地彰显出来。整体基调给人以简洁、淡雅的感觉，浅金色、玫瑰金色的精彩运用，可以起到画龙点睛的作用，不仅让原本单调的空间更添层次，其华丽感也瞬间提升。

· 设计解析
  Design Analysis

舒适的躺椅与泼墨地毯彰显国际时尚范儿。皮革、丝绒与金属材质，流露出满满的轻奢气息。客厅空间以蓝色为跳色，轻松营造出都市人追求的低调华丽氛围。迎着阳光，清透的玻璃、纤细的家具都轻若无物，这是一个没有负担的空间，光线可以穿透一切，直到心间。偶尔用金色或黑色给物件勾勒边框，让纯净的空间结构一下子立体起来。

　　阳光透过落地窗洒入餐厅，渲染安静雅致的氛围。孔雀蓝色丝绒餐椅大胆前卫，一方面能调节气氛，另一方面也能展现出典雅、迷人的风情。吊灯造型别致，餐桌花艺摆件为空间增添生机与活力，黑白图案餐盘表达现代人生活的大胆与不羁。本案中大理石餐桌搭配金属拉丝桌腿，再加上一些玻璃水晶的装饰元素作为点缀，轻松演绎轻奢之美，缔造出让人无限回味的空间。

　　特别的线条、闪亮的元素是轻奢主义的重要表现手法。通过深浅搭配，层次鲜明地创造出满满的艺术质感。若要更好地展现出轻奢气质，就要更加注重细节。

　　细节能体现一个人的品位和爱好，独具特色的小物品可以彰显自己的审美和态度，哪怕是一个床头柜、一块地毯，都应该有自己的个性。

　　地毯上灰绿色的流线与墙面的抽象装饰画，让空间更有整体感。一张大理石材质的书桌搭配上金属的点缀，让整个空间都充满了奢华感，书桌椅夸张的造型彰显着它极大程度的包容性，让安坐在里面的人拥有自己的一片独立私密的小天地。

　　典雅黑的床头搭配孔雀蓝色的床尾凳，流露着一股低调的奢华，灰色的丝绒床品让人放松，并采用不同饱和度的灰色来增加空间层次。

空间设计细节

美式轻奢风格的家居设计讲究的是通过生活经历去累积自己对艺术的感悟及品位，并从中摸索出独一无二的美学理念。这种设计美学正好迎合了人们对现代生活方式的追求：既有文化感和尊贵感，又不缺乏自由与情调。

美国人自在、随性的生活方式使得美式轻奢风格的室内空间没有太多造作的修饰与约束。其在设计方面摈弃了传统美式风格中厚重、怀旧的特点，有着线条简洁、质感强烈的特色。

⊙ 美式轻奢风格空间

壁炉是美式轻奢风格中最经典、最具辨识度的元素之一。传统美式风格空间中的壁炉显得大气厚重，而美式轻奢风格空间中的壁炉往往会被简化处理，去掉繁复的雕刻，选用新的材质比如大理石等突出轻奢的干练与时尚的气质。不仅从形式上加以改良，在功能上也做了创新。原有壁炉的功能被取代，更多的是作为电视背景或者墙面装饰造型，更加灵活。

线条精致的家具，富有质感的金属灯饰，以及造型简洁、极具个性的软装饰品等，是演绎美式轻奢风的最佳素材。

⊙ 经过造型简化和材料创新的壁炉设计

⊙ 美式轻奢风格摆件

⊙ 作为墙面装饰背景的壁炉设计

· 设计主题
Design Theme
印象大都会

· 灵感来源
Inspiration
国际大都会对
不同文化的包容

大都会的包容，让人想起玛丽莲·梦露、百老汇的歌舞剧、现代艺术博物馆以及车辆繁密和高楼林立。大都会是时髦的，你会看到非常多的混搭元素，有工业设计的前卫，有传统的舒适，有乡村的粗犷，有现代极简的线条。不同文化碰撞、融合，在美国这片土地上生根发芽，造就了鲜活、时尚而又充分包容的美式轻奢风格。

· 格调定位
Style Positioning
温馨、雅致、自由、时尚

美国文化以外来文化为主导，有着巴洛克的奢侈与高贵，同时又有美洲大陆人们的不羁气质，其在寻求文化根基的同时，又不失自由与随性的特点。

将传统的美式元素去繁化简，将现代与古典相结合，运用到室内空间及软装饰品上，营造自由、时尚的氛围。此外，还要营造空间中雅致与温馨的氛围，使人在空间中生活得更舒适。一切向时髦看齐，向个性看齐。弱化传统美式风格中的"历史感"，将个人风格与工业时代的元素融入其中。

米灰色、象牙色、
橙色、金色

美式轻奢风设计往往更突出建筑的结构美，线条简单利落，较多使用黑色、白色、大地色、银色等中性色，再加入某一种单色调，有别于现代主义的冷冽感觉，突出质感，简单精致。

美式轻奢风适合那些想要跟上最新款式和潮流的人，受现代室内设计的影响，削弱了历史的厚重，设计方法上更直接，且结构清晰，同时配以单色配色方案，采用新材料，为空间带来平静的氛围。从"色、形、态、意"这四个脉络出发，运用一些自然元素让色彩的冷暖与材质的刚柔相融，在晶莹透亮的水晶灯映射下，绽放出生活美学的品质。

丝绸、棉麻、
皮革、大理石

美式轻奢风常常采用金色、银色等颜色闪亮的材质，搭配皮革和大理石等天然材料，开启奢华的都市生活模式。

丝绸的华丽与棉麻的舒适组合在一起，可以营造出既有贵族气质又不缺乏自在舒适的生活环境，赋予空间高级格调。

抛却繁复艳丽的色彩，融入经典雅致的艺术元素，用带有设计感的素色为卧室空间增色，让居室成为放松惬意的场所和视觉表达的艺术空间。在方案执行时，注意材质的细节，同时注意色调要与主题一致，风格上也不能偏离。

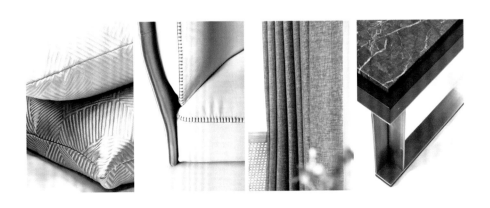

> 冷元宝设计

> 冷元宝设计

　　美式轻奢风格脱离了过去的烦琐与浮华，又不失内在的贵族气质和文化内涵，介于奢华与简单之间，兼具美观与实用，体现出功能至上的特点。给人以时尚前卫、气质优雅且不失温馨舒适的感觉。

　　灰白基调的客厅，通过软装载入复古的铜色、矜贵的银色和富有活力的橙色，附着于皮质、布艺、金属材料之上。皮革与金属的碰撞，刚柔并济，传达着自由与时尚。

　　地毯上繁复的花卉图案带有一股浓烈的大自然的韵味，既划分了空间区域，又营造了一种轻松闲适的氛围。曲线造型的白色沙发将空间的优雅完美地呈现了出来。沙发上的花卉图案与地毯上的图案相呼应，使整体风格得到统一。白色羊毛搭毯提升了整个空间的舒适度，彰显雅致。

美式轻奢风更注重艺术品的陈设，无论是传统雕塑还是当代绘画，抑或是代表各种新艺术观念的作品，都可以找到恰如其分的位置。

内敛、低调的米灰色打造出空间雅致的氛围。金色点缀着象征纯净圣洁的象牙色，烘托出空间的精致与质感，并赋予其高贵的气质。几抹活力橙使得空间更有生气。

浅灰色茶几配合浅金色线条装饰，为空间色彩减重。白色几何折纸造型花器与白色玻璃雕塑虚实结合，增加空间艺术感的同时，搭配活力橙的花艺，给空间增添一抹阳光般的温暖。橙色与金属色和白色的巧妙混搭，丰富了空间层次，看上去花哨却不浮夸。铆钉与皮革相结合的沙发传达着稳重与力量感。整体设计简约理性，银灰色暗纹面料的单人沙发配合装饰画的感性，刚柔并济。

电视柜上金色的装饰画传达着人类爱情的永恒主题，让艺术如空气一般自然渗透，赋予空间独特的视觉张力。

> 冷元宝设计

淡雅的色系搭配简练的线条，温和的木材与柔软的棉麻搭配让身处餐厅的人感受到放松与自然。金属餐具在空间中的点缀体现了人们对精致生活的向往，以及空间的高级格调。每个物件都不是独立存在的，它们与空间、人产生联系，从而营造出整体氛围。用新鲜的植物引入自然之境，让整个空间静谧、通透、明朗。

美式轻奢风之所以受年轻人的追捧，正是因为它代表了一种摩登的生活方式，流露出一种低调的奢华，很适合追求精致生活的人们。

传统的中式风格常以繁复的雕饰、浓重的色彩，来展现空间庄重、典雅的韵味。但如果把这种搭配形式运用到现代化的居住空间中，难免会让人感觉沉闷繁重。中式轻奢风格是将传统文化与现代审美相结合，在提炼经典中式元素的同时，又对其进行了优化和丰富，从而打造出更符合现代人审美的室内空间。

第三节

中式轻奢风格

> 库玛设计

> 易和设计

⊙ 中式轻奢风格空间

传统的中式风格在装饰材料上往往以木质为主，精雕细刻、造型典雅，传递出浓浓的东方审美韵味。但中式轻奢风格在选材上则通常会大胆地加入一些现代材料，如金属、玻璃、皮革、大理石等，让空间在保留古典美学的基础上，又完美地进行了现代时尚的演绎，使空间质感变得更加丰富。

　　中式轻奢风格的空间配色常以黑白灰为主基调，在视觉上不会出现大面积饱和鲜艳的色彩，没有大红大紫，色彩素雅和谐，大多以素雅清新的颜色为主，比如白色、灰色、亚麻色等，使整个空间看起来更加清爽、通透。还会辅以少量纯度及明度较低的红色、黄色、蓝色、绿色等亮色作为局部点缀，使空间明快而富有个性，风雅韵味呼之欲出。

> 方黄设计

⊙ 现代质感的金属花器与中式花艺的巧妙结合

> 上海全筑设计

⊙ 直线条造型的金属台灯透露出精巧的美感

古语"月盈则亏，水满则溢"同样适用于中式轻奢空间设计。恰到好处的留白可以有效缓和空间布局，寥寥数笔，泼墨写意，令方寸之间自成天地，不经意中便可产生虚实相生的视觉效果。

⊙ 恰到好处的留白呈现出空灵和写意的东方韵味

⊙ 现代造型的家具结合陶瓷花器与中式水墨画的搭配

· 灵感来源
Inspiration
金秋硕果累累

本案"春华秋实"的主题取自《后汉书》："春发其华，秋收其实，有始有极，爰登其质。"寓意丰收和对美好生活的憧憬与向往。金黄色在中国传统文化中是尊贵与祥瑞的象征，所以若要给厚重的中国风加入一些舒适、浪漫、时尚又不突兀的元素，金色是不二之选，其既有华丽时尚感同时又不会离传统文化过远。

空间装饰中的金色给人以庄重之感，无论是作为主打色还是辅助色，其特有的色泽都是其他任何色彩无法替代的。炫目的金色线条与中式传统文化的融入，汇成独特的设计语言，成功地打造了一场无与伦比的视觉飨宴，使人身居室内也能够感受到秋高气爽的潇洒、金桂飘香的热闹。金黄色的飘叶，纷纷洒洒，化为明朝的春泥。枝头缀满的秋实，象征着成功与收获。

· 格调定位
Style Positioning
奢华、内敛、静谧、文化

新中式的传统与轻奢的现代气息融合，碰撞出独有的气质，一种独有的奢华，这种奢华带有强烈的文化自信与设计底蕴。中式轻奢风格在奢华内敛的基础上将写意风骨烘托入境，让整个空间充满诗意的格调，散发出一种悠远、静谧、浑厚的文化韵味。无论是繁复还是简约，中式轻奢都能保持自己独特而坚定的风格语言。

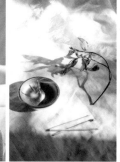

银灰色、香槟金、
典雅黑

中式轻奢的风格在色彩方面进行了合理的简化，与金色、银色、黑色的搭配，于形于神，都在不经意间自然而然地把中式与轻奢更好地结合到一起。

香槟金和典雅黑组合，深沉优雅中自带简约轻奢感。它的灵动和不羁，在沉稳、轻盈中随意切换，让居室的生命力得以完美释放。

金属、大理石、
皮革、丝绸

轻奢风格中常用到的金属与大理石，是时尚的象征，与具有中国特色的丝绸材质搭配，将中式轻奢展现得淋漓尽致，同时搭配皮革材质提升整体空间的格调。

大量的材质混搭是新中式轻奢风格的一大特色。除了传统的木材之外，金属、皮革、大理石、陶瓷、亚克力等，都被灵活地运用起来，只为赋予空间更加奢华、多变的魅力。

· 设计解析

Design Analysis

　　新中式与轻奢融合，碰撞出独有的气质。奢华中带有强烈的文化自信与设计底蕴，这才是属于中国人的奢华。

　　低调内敛的米色系餐厅，弥漫着宁静淡泊的氛围。材质以大理石和皮革为主，柔软的皮革与硬朗的石材相融合，既可体现高贵典雅的气质，又可展现餐区融洽和谐的氛围。

阳光透过窗纱洒入餐厅，餐桌上摆放的跳舞兰用来活跃空间氛围，素雅的空间中点缀红色，添染了几许明媚。高低错落的水晶烛台与金属餐具营造出奢华的氛围。

　　卧室摒弃烦冗复杂的装饰，用素雅的色调表现出古典美和现代美相互融合的温柔力量，营造静谧内敛的生活氛围。中式泼墨画的现代艺术装饰挂于背景墙上，与飞雁的装饰组合在一起，描绘出一幅"何处秋风至？萧萧送雁群"的场景。丝绸床品打造精致的空间格调，辅以织物的不同质地，以细节呼应床头的圆形吊灯与暖光，营造室内静谧的氛围。床头柜上的摆件在灯光的映照下形成一处观赏区，整个空间处处流露着自然与舒适。

POINT
空间设计细节

　　法式轻奢风格在整体设计上摒弃了传统法式风格所注重的繁复花纹与华丽装饰，以简约、低调的设计手法来打造现代的法式轻奢品质。在色彩运用上，通常会用大面积的淡色作为主色调，并以局部亮色作为装饰点缀。因此，整个法式轻奢风格的室内空间既能给人以和谐统一的感觉，又能在视觉上显得更有层次感。

> GDG 葛乔治设计

⊙ 法式轻奢风格空间

在空间造型方面，法式轻奢风格没有延续传统法式风格中的曲线设计，而是运用更多几何造型与简洁的直线条，因此整体空间显得富有现代感和轻奢感。此外，线条装饰框在法式轻奢风格中的应用也极为普遍，但在造型上比传统的装饰框更为简单大方。线条可以刷成和墙面一致的颜色，让整体空间更为协调统一，也可以保留线条本身的颜色，利用色彩的对比提升轻奢空间的质感。

> GDG 莫乔治设计

⊙ 软包与护墙板组合的墙面装饰造型

⊙ 法式轻奢风格中多见几何造型与简洁的直线条

从整体的软装搭配上来看，法式轻奢风格的室内常以简洁的设计来突显空间品位，同时在配饰的选择上也更为灵活。如可以在空间里搭配一些富有现代感的饰品摆件和艺术气息浓郁的装饰挂画以及在造型上经过简化处理的法式家具等，不仅创造出了独有的法式轻奢浪漫，而且也提升了空间的艺术感。此外，还可以摆放一些搭配精致的花艺，以增添居住空间的自然气息，使整个空间在装饰细节中尽显匠心美意。

⊙ 造型上经过简化处理的法式家具

⊙ 富有精美质感的花器和饰品摆件

· 设计主题
Design Theme
凡尔赛之约

· 灵感来源
Inspiration
凡尔赛宫的浪漫

普罗旺斯的薰衣草迎风绽放，浪漫的味道飘过整个山谷；塞纳河河面波光粼粼，与夕阳映衬。法式的浪漫情调植根于法国人的灵魂中，它是香榭丽舍大街的罗曼蒂克，是凡尔赛宫的奢华，抑或是某一处山脚下田园的惬意，真正的法式文化低调、奢华而浪漫，那是一种任何表面的花哨与浮华都无法表达的格调。看似不经意，却透露出高级的优雅。而这样的文化，催生了法式家居风格。

凡尔赛之约的灵感，以法式轻奢美学展开，注重品质而不失温度，经典而不显浮夸。法式轻奢以低调奢华著称，以法式风格为延伸，整体推崇轻奢理念。去掉了法式巴洛克中的繁复和厚重，将雕花及厚重的线条变化成为纤细或者轻盈的线条，充分体现轻奢中的"轻"字，但植根于法式风格中的浪漫、精致，被保留下来，体现在"奢"字上面，从而形成轻而不简、奢而不繁的空间感受。

· 格调定位
Style Positioning
精致、优雅、奢华、浪漫

将法式的情怀融入室内设计中，营造优雅与浪漫，搭配精致的轻奢理念，彰显出高雅的格调和内敛的情怀。在图片的选择上，要注意与主题色调和风格一致，并且要避免构图的重复。比如本案中分别选择法式轻奢风格的客厅、餐厅、卧室的某个角度进行展示，设计在很贴切地诠释了法式轻奢浪漫氛围的同时，又给人带来对精致生活的憧憬。

象牙白、大象灰、
米白色、金色

法式轻奢风追求色彩和内在联系，配色常用一些天生自带高级感的中性色调。颜色以亮色为主调，使空间更加饱满，其华丽感也提升了一个高度，让人仿佛置身于皇家宫殿，体验至尊生活。

本案灵感来源于凡尔赛宫中建筑及室内的浪漫气质，以米白色、暖杏色为主调，巧妙嵌入的深色，起到了画龙点睛的作用。象牙白与米白色均是倾向于高雅调性的色彩，它们简约、时髦，将其运用在空间设计中，在呈现舒适大气的格调之余，又牵引出浓浓的优雅范儿。大象灰的百搭处处彰显着它的包容性，金属的点缀将奢华的格调最大化地彰显出来。金属、大理石，米色、栗色、灰色……延续着这种现代感，这种感觉在细节和层次中蔓延开来。

在塑造空间时，要注重材料、色彩的运用，让它们与主人之间产生互动关系，最终呈现出浪漫而又不失底蕴的设计语言。

金属、皮革、
丝绸、大理石

细腻的针织花卉窗帘、真丝花卉床品都突显出法国人对花纹的喜爱。在法式轻奢风格中，这些花卉图案被简化和抽象化，比如暗纹或者几何纹样被广泛使用，不浮夸又有法式的精致和品位。

近年来，金属与石材深受消费者喜爱，材料有良好的耐久性。特殊的肌理有着极佳的表现力，而且调和了木质家具居多的空间基调，为空间增加了一种果敢从容的性格色彩。与丝绸搭配增添了空间优雅的气质，轻松演绎出法式轻奢之美。

· 设计解析
Design Analysis

　　用优雅、浪漫来形容这个空间是极为恰当的。用经典轴线、对称布局的方式来设计整个客厅空间，营造一种开放的氛围。

　　吊顶以白色线性结构设计，高低错落，使空间更有层次感。乳胶漆墙面搭配米白色木门，透露出高雅和知性。象牙白的背景墙搭配米白色沙发，展露优雅的气质。空间中的色彩讲究深浅搭配，大象灰的座椅与抱枕于米白色的空间中讲究递进式铺展，在悄无声息中营造空间的丰富感。水晶吊灯的造型是传统法式涡旋纹的简化，在表达对传统的反叛的同时，又恰到好处地传达着简约和低奢的氛围。

吊顶的石膏线条是传统法式线条的简化，古典元素结合现代极简元素，展现当代感性与理性的人文内涵。水晶吊灯洒下奢华的光影，皮革沙发与大理石桌面刚柔并济，彰显优雅与精致。

深色系波打线的巧妙使用，与墙面柜子的金属线条相搭配，一起将法式风格骨子里的浪漫渲染到极致。

材质、色彩、风格完美糅合在一起，是法式家居空间所表达的设计语言。

珠帘和窗纱营造了空间的通透感，让客厅与餐厅贯通而又区域分明。空间用白色做背景使整个空间更加轻盈、优雅。餐桌上简约淡雅的花器摆件突出品位，提升空间的艺术感，创造出轻奢的法式浪漫。餐椅的造型运用曲线的设计元素，结合方正的矩形餐桌，使整个造型变得刚中有柔。餐桌正上方的金属水晶灯一改传统法式水晶灯的造型，新颖别致，与对面墙上的法式传统装饰镜交相辉映，现代与传统在空间中完美融合。

金属元素是法式风格空间中的重要元素，小到挂饰、拉手，大到边桌或者灯具，一点点金属色的添加，便能凸显法式情怀。

> 万黄设计

精致的花艺、酒杯无意间使得整个空间更为亲切鲜活，从而带来舒适的五感体验。灵活的配饰在强化主题风格的同时，意在提升空间的艺术感。

具有延伸感的凡尔赛宫挂画既扩大了空间的视觉效果，又与空间产生了互动，仿佛要把人带入宫廷之中。挂画前的烛台摆件高低错落，让空间的立体构成丰富而饱满。置身空间中，仿佛穿越到了浪漫的凡尔赛宫，到处弥漫着如诗的气息。

第三章

轻奢风格

空间配色美学

当室内装饰风格的演变经历了富丽堂皇的奢华后，愈来愈多的居住者更加愿意以一种轻松的方式打造家居环境氛围。轻奢派们从一种追求和尊重生活质量的表达方式中，享受生活的美好。想要将空间打造出轻奢的感觉，必然要经过巧妙的色彩搭配。轻奢风格的色彩搭配给人的感觉充满了低调的品质感。中性色搭配方案具有时尚、简洁的特点，因此较为广泛地应用于轻奢风格的家居空间中。选用如驼色、象牙白、金属色、高级灰等带有高级感的中性色，能令轻奢风格的空间质感更为饱满。

> 千寻软装设计

⊙ 法式轻奢风格空间

配色设计重点

第一节

金属色

　　轻奢风格的室内空间常常会大量使用金属色，以营造奢华感。金属色是极容易辨识的颜色，非常具有张力，便于打造出高级质感，无论是接近于背景还是跳脱于背景都不会被淹没。

　　金属色的美感通常来源于它的光泽和质感，最常体现在家具的材质上，如黄铜。设计师将实木家具与金属色进行混搭，如利用黄铜或其他金属包裹家具的边缘。用黄铜五金件修饰实木家具，既保留了木材与金属的两种质感，又强调了金属色的地位，是设计中最常见的一种利用金属色的做法。

| C 11　M 22 | C 55　M 69 | C 25　M 26 |
| Y 53　K 0 | Y 100　K 18 | Y 47　K 0 |

⊙ 实木家具中加入黄铜的装饰

金属制成的软装饰品同样能起到这种效果，如金属色的盘子、挂钩、花插。只需要一点点缀，就能改变整个空间的氛围。

此外，金属色也常出现在灯架上。落地灯、吊灯等和金属色联系在一起时，顿时有了复古与奢华并存的轻奢感。

由于金属色拥有较强的视觉冲击，大面积使用会显得过于浮夸，因此根据整体色调选择一定的比例进行点缀即可。

C 30 M 33 Y 60 K 0	C 41 M 45 Y 47 K 0	C 73 M 73 Y 65 K 29

⊙ 顶面与墙面中的金属线条呈现细节美感

C 11 M 22 Y 53 K 0	C 76 M 78 Y 76 K 55	C 35 M 20 Y 16 K 0

⊙ 金属吊灯与台灯上下呼应

C 11 M 22 Y 53 K 0	C 49 M 49 Y 40 K 0	C 86 M 82 Y 65 K 43

⊙ 金属软装饰品的适当点缀

POINT

配色氛围解析

轻奢风格配色氛围解析
金属色 | 01

> 千寻软装设计

金色

【金色 + 米白色】

　　金色和米白色搭配，是一组具有透明感的色彩。在一个用色纯净的空间中，搭配金色并使用硬朗的材质，能给空间带来力量感和精致度。在这个空间中，墙面和地面的颜色都是米白色，主体家具的白色是冷白色。细微的冷暖差别为空间制造了色彩的层次，统一却不单调。金色运用在餐桌桌腿、餐椅、边柜细节和装饰吊灯上，以点状形式分布在空间中，属于点缀色，也是体现这个空间精致度的最重要的设计表达。

　　金色可以带来唯美典雅的视觉感受，但材质又让其传递出来的感觉更偏硬朗。空间中的大部分软装陈设都是偏硬的材质，这和空间中的用色搭配所呈现出来的女性化特质是相反的。设计者在后期软装的搭配上注意了这一点，通过柔美的花卉、绿植和温柔的窗纱，用软的材质中和空间中硬的材质，以达到设计表达上的平衡。

> 香港万黄设计

【金色 + 咖啡色】

金色

咖啡色

这是一个仿佛弥漫着咖啡醇香味道的空间，统一和谐的咖啡色让空间看起来温和、丝滑，有质感。背景墙和地面都是浅咖啡色，主体家具的颜色为白色、咖啡色，与背景色融合统一。通过大件家具、部分陈设摆件、装饰画的深色，以及地面瓷砖的深色勾线，形成空间的重色表达，并让空间色彩达到平衡。

之所以用冰咖啡来形容这个空间，是因为点缀金色不锈钢的家具细节，为空间带来了硬和冷的质感。在用色和谐温暖的空间中，金属色提升了空间的精致度，同时中和了大面积咖啡色带来的热感，并且很好地诠释了轻奢空间应该有的时尚气质。

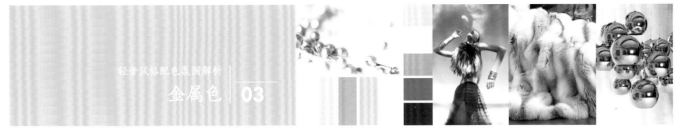

> 集艾设计

【金色 + 代尔夫特蓝】

金色

代尔夫特蓝

当代尔夫特蓝遇见金色，两个颜色的饱和度都很高，强烈的色彩对比带来具有冲击力的时尚摩登感，是常用于室内空间的色彩搭配。在这个空间中，墙面的大面积浅褐色、床头背景墙的代尔夫特蓝和地板的深棕色，组成了空间的背景色，在背景色已经表达得比较丰富的情况下，如何让空间在加入了软装物品后，不会过于花哨，同时软装物品之间的联系也不会过于孤立，是此软装配色中要着重考虑的问题。

床、床尾凳和墙面的颜色统一，边柜和地面的颜色统一，靠窗位置的单人沙发和床头背景墙颜色统一。床上用品的蓝色和深灰色有下沉感，地毯的浅色有上升感，物与物之间的呼应，让空间层次丰富而不凌乱。金色始终贯穿在空间中，代尔夫特蓝在金色的点缀和衬托下，呈现出生动开放的质感。

象牙白

POINT
配色设计重点

象牙白相对于单纯的白色来说，会略带一点黄色。虽然不是很亮丽，但如果搭配得当，往往能呈现出强烈的品质感。而且其温暖的色泽能够体现出轻奢风格空间高雅的品质。此外，由于象牙白比普通的白色更具有包容性，将其运用在室内装饰中，能让居住空间显得非常细腻温润。同时，也可以在整体以象牙白为主基调的空间里，适当搭配一些彩色，为轻奢空间增添一丝自然优雅又不失活泼的气息。

| C 23 M 20 Y 23 K 0 |
| C 25 M 37 Y 67 K 0 |
| C 48 M 38 Y 30 K 0 |

⊙ 象牙白墙面适合表现美式轻奢风格自由、淡雅、温馨的特征

| C 17 M 15 Y 15 K 0 |
| C 72 M 73 Y 65 K 27 |
| C 42 M 91 Y 77 K 8 |

⊙ 象牙白运用在卧室床头背景上显得细腻温润

| C 8 M 5 Y 8 K 0 |
| C 48 M 46 Y 45 K 0 |
| C 29 M 40 Y 66 K 0 |

⊙ 大面积象牙白的护墙板衬托出驼色家具的高级感

配色氛围解析

轻奢风格配色氛围解析
象牙白 | 01

象牙白　　暖灰色

【象牙白 + 暖灰色】

　　这是一个非常轻盈灵动的空间，空间的背景是户外的景色，除了门框的深褐色，其他大面积是以浅灰色为主，地面是暖灰色的地砖。主体家具的颜色、餐桌的深褐色和门框的颜色呼应，象牙白的餐椅和空间背景色的和谐统一，象牙白的皮革材质泛着的细腻光泽，餐椅腿部的金属细节都是轻奢感的体现。点缀色是金色和绿色，被小面积地运用在空间中，让空间氛围变得生动。

　　空间中围绕主题意境表达的设计元素还有：飘逸的窗纱、体量轻盈的艺术造型吊灯、餐桌上的艺术插花。插花还原了其在自然界中生长的模样。空间中的设计都是经过深思熟虑的，造型、材质和颜色都围绕同一语境，显得自然清爽。

【象牙白 + 米白色】

　　这是一个色彩搭配非常稳定的空间。背景色是米白色和暖灰色，主体色和背景色统一，黑色和金色是空间中的点缀色，其中黑色运用得尤其巧妙，墙面中心的黑色镜框和地砖上的黑色边条，在空间中形成了上下、左右呼应的关系。地砖上的白色边条也与墙面的米白色呼应。皮质的象牙白餐椅集中围绕餐桌摆放，有重量感和递进感，与墙面拉开了层次关系。

　　在这样排列整齐的空间中，金色被巧妙地运用在吊灯和雕塑底座的细部，在空间中也形成了呼应和对称关系，雕塑的材质典雅精致，是空间中最灵动的一处陈设细节。温和、内敛的表达让空间充满仪式感和高级感。

> 品辰设计

象牙白　金色

【象牙白 + 金色】

　　轻奢风格崇尚"无负担、有品质"，不同于过度装修的豪华，好看的配色和有质感的细节是其更推崇的。这个空间艺术感十足，不仅青春时尚，还用考究的细节来表现空间的轻奢气质。背景色由象牙白和灰褐色组成，主体家具的颜色和墙面一致，桌腿的金属色和地面的深色形成呼应。

　　黑白照片墙设计十分恰当，与空间中都处于视线下方的重色呼应，起到了平衡作用。空间中最有亮点的是家具、灯具和吊灯雕花线条，造型时尚又复古，这些考究的细节明确了空间温柔的女性化特质，点缀粉白的花卉，使整个空间芬芳四溢。

蒂芙尼蓝

【象牙白 + 蒂芙尼蓝】

象牙白和蒂芙尼蓝搭配总是让人心旷神怡，如同在海边漫步。这样的配色非常适合用在女性居住的空间里。这个餐厅的背景色与主体色和谐统一，用蒂芙尼蓝点缀，干净清爽，是适合就餐环境的配色方案。墙面的装饰镜能让原本面积不大的空间的视觉空间增大，镜面通透，材质的质感和空间中的配色气息十分吻合。

吊灯的金色灯杆、餐桌和餐椅的金色不锈钢，还有餐桌上有金边小细节的餐盘装饰在空间中。金色和蓝色这组对比色，巧妙地点缀在这个以象牙白为主要用色的空间中，于细微处见精致与典雅。

> 慎恩装饰设计

POINT
配色设计重点

　　高级灰是介于黑和白之间的一系列颜色，比白色深些，比黑色浅些，大致可分为深灰色和浅灰色。不同明度不同色温的灰色，能让轻奢风格的空间显得低调、内敛并富有品质感，同时让空间层次更加丰富。

　　如果觉得在空间里大面积运用灰色系会显得过于清冷，那么可以尝试在家具、布艺、软装饰品上适当地运用暖色作为点缀。不仅能缓解空间的清冷感与单调感，还能让轻奢风格室内空间的色彩搭配显得更加丰富。

> 上海 G&K 设计

C 27　M 15
Y 12　K 0

C 56　M 41
Y 29　K 0

C 75　M 68
Y 56　K 11

⊙ 同一个立面的床头背景呈现出强烈的色彩对比

C 49 M 31 Y 23 K 0	C 0 M 0 Y 0 K 0	C 13 M 17 Y 49 K 0

> 诗享家设计

⊙ 灰色墙面作为背景更能凸显软装饰品的精致感

C 55 M 45 Y 45 K 0	C 0 M 0 Y 0 K 0	C 0 M 0 Y 0 K 100

> GNU 金秋设计

⊙ 黑白灰的整体设计是低调轻奢范儿的经典搭配

C 40 M 29 Y 23 K 0
C 55 M 42 Y 35 K 0
C 76 M 69 Y 61 K 15

> 郑树坤设计

⊙ 不同明度的灰色让室内空间富有层次感

轻奢风格配色氛围解析

高级灰 01

冷灰色

墨黑

> 郑梅芬设计

【冷灰色 + 墨黑】

在这个空间中，黑白灰的用色比例有层次，相互呼应，为空间创造了内敛的文化质感。浅灰色作背景色，选择比背景色深的中灰色作为主沙发的颜色，更深的墨黑色用在单人沙发、主沙发后面的屏风，以及大块的地毯上。三处墨黑色在空间中都不是以纯粹的墨黑呈现，而是与灰色结合，有渐变、有律动，通过布艺、羊毛、木器的装饰，丰富了整个空间的陈设。

空间中的点缀色同样也是低调、富有质感的。茶几、吊灯是水晶材质和银色不锈钢材质的结合，落地灯的茶色玻璃灯罩、青翠的绿植，这些用色丰富着空间中的色彩，给空间带来灵动感和人间烟火气。

冷灰色　　金色

【冷灰色 + 金色】

高级灰具有稳定感，内敛、百搭，用来营造有戏剧感、有张力的空间是再合适不过的。本案例是家居中的一角，或者是玄关，或者是某处放边柜的位置。通常空间中这样的区域，可以用更富有装饰效果的陈设来表达。墙面的冷灰色和地面的米灰色共同形成了空间中的背景色，主体家具的色彩与地面一致，饰品的色彩与墙面一致，用色统一。

通过非常具有装饰性的边柜和装饰画，让这个区域有一种古典深邃的美感。非常具有设计感的边柜上，好看的艺术切割图案是当代艺术的表达。金色是空间中重要的点缀色，将空间中古典的感觉烘托得更加具体，装饰画的画面内容和边柜的形态相互呼应。

> 郑树芬设计

> 元禾大千设计

【浅灰色 + 深灰绿】

浅灰色

深灰绿

　　将高级灰运用在卧室，能够营造宁静舒适的氛围，有助于提升睡眠质量。在这个空间中，背景色由浅灰色和原木色组成，地板的原木色很好地中和了墙面的浅灰色，让这个卧室空间不会因为运用灰色而感觉过于清冷，增加了卧室的舒适度。主体家具的颜色有细微的差异，床的颜色是偏暖的白，与冷灰色的墙面形成冷暖对比，有了层次关系。搭毯的深灰绿色和墙面壁饰的香槟色是空间中的点缀色，轻奢的质感提升了空间的精致度。

　　空间中的重色也不是孤立存在的，床头柜的深色部分和床上深色的搭毯，在空间中的重量感一样，台灯灯罩的深灰也是空间中有重量感的色块表达。有写意图案的地毯将空间中所有颜色集合，搭配深灰绿的搭毯、抱枕，仿若徜徉在林海中。

暖灰

米白

【暖灰 + 米白】

　　在轻奢空间的色彩表达中，高级灰如同都市中的钢筋水泥，理性而柔和。暖灰色是灰色中带有暖意的色彩，相比中灰色和冷灰色，是更适合用在卧室空间中的颜色。在这个空间中，作为背景色的暖灰色的墙面和地板的色调和谐统一，且是上轻下重的平衡用色关系。主体家具和地毯的颜色比背景色都要浅，从而拉开了和背景色的层次，让主体色有前进感，背景色有后退感。抱枕和装饰画的深色让空间显得更加稳定。点缀色是灯具上的香槟色和绿植的色彩。皮革、水晶、金属这些材质低调、有质感，从而让空间的轻奢感更强。

孔雀绿

配色设计重点

孔雀绿中融合了蓝色与黄色，神秘而充满诱惑，高贵而清秀有生气，能够让轻奢风格的室内空间如同高傲的孔雀般冷艳高贵。

| C 86 M 59 Y 65 K 17 |
| C 1 M 83 Y 65 K 0 |
| C 41 M 50 Y 65 K 0 |

⊙ 餐椅与墙面装饰画以及灯饰形成了色彩和质感上的对比

此外，孔雀绿的色彩质感犹如宝石一般，将其运用在轻奢风格中，能使空间的色彩装饰效果显得更为强烈。而且其本身也是种非常容易搭配的色彩，明度适中、包容性高。因此，无论是小面积点缀还是大面积运用，都能呈现出很好的视觉效果。

⊙ 孔雀绿的椅面与金属支脚的搭配显得现代感十足

C 75 M 38 Y 46 K 0	C 33 M 37 Y 66 K 0	C 95 M 91 Y 50 K 15

配色氛围解析

轻奢风格配色氛围解析│
孔雀绿│**01**

孔雀绿　　高级灰

【孔雀绿 + 高级灰】

惊艳却不张扬，复古而灵动的孔雀绿有着极为舒适的视感，应用在空间中，神秘性感的气质扑面而来，是打造轻奢风格居室的绝佳色彩。

绿色是森林的主调，富有生机，拥有着惊艳与性感的气质；金色一直以来都是华贵的象征，高调热烈。两者结合之后，再以高级灰大面积穿插其中，让空间更富有层次感。本案中的孔雀绿用不同材质的质感展现，天鹅绒、真丝、亚克力，呈现出不同的纹理和光泽度，以低调的华贵为艺术创作精神，不造作、不浮夸、不喧嚣，以优雅的色调透过时尚的造型唤醒了心底的悸动。

本案在设计中运用色彩与几何语汇，让空间呈现一种自信而时尚且富有现代感的设计。从奢华到简约、从典雅到艺术，一抹孔雀绿，勾勒出既新潮又充满韵味的轻奢气质。

【孔雀绿 + 金色】

孔雀绿

金色

　　孔雀绿亦称"法翠"，有华丽之感，在表达轻奢的、摩登复古的、古典有仪式感的、中式有时尚感的诸多空间中，都可以使用孔雀绿。这个空间给人的整体感觉是清爽的，用色明快，孔雀绿在空间中使用面积不大，且绿色又有森林感，增加了空间的舒适感。

　　背景色以米白色和浅褐色为主，主体家具的颜色和墙面一致，窗帘、地毯的颜色和地面一致。孔雀绿作为点缀色，运用在床品上，和米白色区分出层次，床品大面积的米白色从一定程度上稀释了大面积孔雀绿会有的浓烈的华丽之感。金色在空间中尤其重要，其华丽感能和孔雀绿有很好的呼应。孔雀绿和金色决定了这个空间轻奢的定位。

【孔雀绿 + 原木色】

孔雀绿

原木色

因为孔雀绿自带华丽质感的属性，所以将其运用在自然的、质朴的空间中，能提亮居住环境的精气神，让室内多一分轻奢和精致的气质。空间中背景色和主体色搭配简洁明确，背景色统一使用原木色，休闲感十足，床靠背、窗帘和地毯的深灰色和原木色达到轻重的平衡。

孔雀绿在空间中更像点睛之笔，具有冷感，床头柜上方吊灯的玻璃材质同样具有冷感，通过色彩产生清凉的感受，减弱了空间中原木色面积过大而产生的沉闷感和燥热感。同时，绿色原本就是属于自然的色系，倘若这个空间是度假酒店或民宿，当宾客驻足停留入住时，相信可以感受到沁人心脾的温暖。

轻奢风格配色氛围解析

孔雀绿 | 04

孔雀绿　米灰色

【孔雀绿 + 米灰色】

在大面积用色非常统一、轻重关系比例平衡的配色基调下，只需要小面积的孔雀绿，便能为空间带来更多的美感，散发宛如宝石般的光芒。在这个卧室空间中，背景色由米灰色和深褐色组成，主体家具的颜色和地面统一，床上用品的颜色和墙面统一，这是经典、不容易出错的搭配方式。

只有在大面积颜色使用得当、轻重平衡有序时，点缀色才能显得更加出彩。这个空间的用色正是如此，用色表达干净利落，在三部分颜色的共同作用下，才有精彩的呈现。金色在空间的作用依然不能忽略，几乎在每一个轻奢风格的空间中，金色都是不可或缺的经典点缀。

> 昊泽空间设计

POINT

配色设计重点

爱马仕堪称奢侈品中的贵族，代表着潮流时尚。爱马仕橙在居室中的运用，可将奢华氛围带入。爱马仕橙没有红色的浓烈艳丽，但又比黄色多了一丝明快与热情，在众多色彩中显得耀眼却不令人反感，而且其自带高贵的气质，与轻奢风格的装饰内涵不谋而合。

爱马仕橙明度、纯度都很高，不宜大面积用于家居空间。最好的切入方法是选择中性色背景，它们的百搭特性可以让人在搭配爱马仕橙时少了许多顾忌。

> 上上国际设计

| C 31 | M 70 |
| Y 90 | K 0 |

| C 55 | M 47 |
| Y 46 | K 0 |

| C 53 | M 88 |
| Y 67 | K 22 |

⊙ 无需大面积装饰，只需方寸之地，爱马仕橙便能点亮一室的鲜活欢愉

C 25　M 85
Y 100　K 0

C 46　M 32
Y 27　K 0

C 0　M 20
Y 60　K 20

⊙ 爱马仕橙拥有鲜明与灿烂的特点，可以更好地融入现代轻奢家具中

> 品悦公装

C 17　M 66
Y 83　K 0

C 0　M 0
Y 0　K 0

C 40　M 68
Y 72　K 2

> 观复营装

⊙ 爱马仕橙是一种极具冲击力的时尚颜色，小面积的点缀也可以令空间表达张力十足

爱马仕橙在轻奢风格的空间中以点缀使用为主，如背景墙装饰、窗帘、椅子、抱枕、软装饰品等。此外，由于爱马仕橙属于偏暖的色调，将其运用在轻奢风格中，不仅能平衡空间的色彩比例，还能使居住环境更加温馨、时尚。

> 伊派设计

C 28 M 60 Y 79 K 0	C 0 M 0 Y 0 K 100	C 0 M 20 Y 60 K 20

⊙ 餐厅运用爱马仕橙提升整体环境的质感，活跃就餐氛围

> 零次方空间设计

C 28 M 60 Y 79 K 0	C 30 M 28 Y 34 K 0	C 13 M 9 Y 10 K 0

⊙ 餐椅、桌巾与花艺的色彩形成细节上的呼应

配色氛围解析

轻奢风格配色氛围解析

爱马仕橙 | 01

【爱马仕橙 + 海军蓝】

> 伊派设计

在这个空间中，只有床和床尾凳局部的颜色是橙色，虽然通过爱马仕橙表达的仪式感没有那么浓，但另有一番惬意的美感。背景色由墙面的米白色、灰色和地面的深褐色组成，基调是精致典雅的。爱马仕橙在空间中，既可以作为主体色，也可以作为点缀色运用。茶几和墙面颜色统一，同时茶几的金属细节与吊灯、床头装饰镜的金色细节呼应。

空间中的背景色和主体色一致。爱马仕橙和海军蓝点缀在空间中，让空间氛围变得活跃。地毯将空间中的所有用色囊括在一起，其上有柔美感的几何图案。黑白格装饰毯、抱枕丰富了用色层次，并让空间更加生动有活力。

爱马仕橙　海军蓝

爱马仕橙　　香槟金

【爱马仕橙 + 香槟金】

在这个案例中，色彩的运用主要以暖色系为主，橙色占据着尤其主要的位置。在背景色、主体色和点缀色中，都可以看到橙色的运用。设计者选择橙色作为空间中主要的色彩表达，为空间的轻奢气质做了直白的定义。

空间中的背景色是米白色系，主体色家具类布艺的色彩由米白色和橙色组成，咖色和海军蓝作为点缀色运用于窗帘、抱枕、装饰画和地毯，背景色、主体色和点缀色相互都有同样颜色的呼应。地毯上小面积的海军蓝为空间增加对比色系，让整个空间更生动。茶几和边几的香槟金不锈钢质感，也为空间的气质表达加分。由于该案例是复式楼结构，室内客厅层高偏高，因此在主背景墙的位置运用橙色，能有效地从视觉上减轻空旷感。

爱马仕橙

银灰色

【爱马仕橙 + 银灰色】

在家居空间中，很多人喜欢使用带有灰度的中性色，局部点缀饱和度高的色彩。爱马仕橙的饱和度比较高，在空间中运用饱和度高的颜色时，要注重它的用色面积和比例，否则容易给人一种过于刺激的视觉感受。

在这个轻奢案例空间中，爱马仕橙被运用在背景色上，和米色系的墙纸搭配，两种颜色属同一色系。橙色的使用面积不大，皮革和镜面材质丰富了空间的背景墙面。主体家具的颜色以米色系为主，橙色和黑色搭配，皮革、大理石、烤漆等材质是轻奢风格家具的典型表达。地毯的颜色中和了墙面、地面和主体家具的颜色，在空间颜色的运用中起到了重要的作用。窗帘的银灰色与墙面黑白装饰画的色彩呼应，为空间带来高级感。

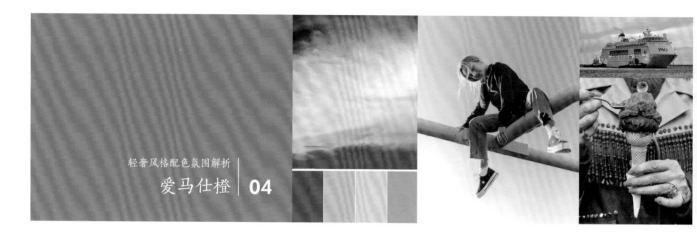

轻奢风格配色氛围解析
爱马仕橙 | 04

爱马仕橙　米白色

【爱马仕橙 + 米白色】

　　将爱马仕橙运用在卧室中，能让空间充满仪式感。本案空间的背景色由米白色和橙色组合而成。床的用色与墙面的米白色一致，床品与床尾凳上的床毯都呼应了墙面的爱马仕橙。床品中还有米白色，弱化了单一橙色所带来的刺激感。

　　在背景墙面悬挂一幅内容是航海的装饰画，画面的配色与墙面的爱马仕橙有呼应、有对比、有留白。空间中橙色的使用是有节奏和秩序感的，稳稳地运用在需要表达装饰的位置。地毯选择带有几何纹理的浅色，丰富的几何纹理与空间用色热闹的节奏能够相互呼应，同时地毯大面积的浅色能够给空间带来透气感。

POINT

① 配色设计重点

驼色为中性色，是一种另类的棕色，或者说是一种纯度较低的大地色，能为室内环境带来温暖轻奢的感觉。由于和土地颜色相近，驼色还蕴藏着安定、朴实、沉静、平和、亲切等内涵气质，并且呈现出十足的亲切感。

和红色、绿色等鲜艳的色彩一样，驼色也源于大自然，但这种来自自然界的色彩却具有一种非常都市化的味道。因此将其运用在轻奢风格空间中，能营造出酽而不燥、淡而有味的氛围，虽然平和宁静，但绝不乏味。

第六节

优雅驼色

C 50 M 60
Y 68 K 5

C 39 M 45
Y 50 K 0

C 23 M 16
Y 11 K 0

⊙ 驼色为空间注入沉稳的气质，邻近色的搭配给人一种舒适感

> 奥迅设计 & 奥妙陈设

| C 59 M 58 Y 65 K 5 |
| C 80 M 76 Y 47 K 8 |
| C 0 M 20 Y 60 K 20 |

⊙ 驼色有温馨、厚重、大气的感觉，符合轻奢的气质

> 美瑞家橱

> GNU 设计

| C 50 M 70 Y 82 K 11 | C 65 M 65 Y 73 K 16 | C 0 M 20 Y 60 K 20 |

| C 56 M 69 Y 80 K 16 | C 65 M 61 Y 59 K 6 | C 0 M 20 Y 60 K 20 |

⊙ 驼色、金色与象牙白等都是自带高级感的中性色

⊙ 将驼色运用在卧室床头，瞬间柔和了空间氛围

轻奢风格配色氛围解析
优雅驼色 | 01

乐尚设计

深驼色　砖红色

【 深驼色 + 砖红色 】

这是一个俏皮的驼色空间。可以从背景色、主体色和点缀色三个部分看出空间用色的稳定。米白色的背景色搭配主体家具的深驼色、米白色和深褐色，窗帘也是灰褐色系，整体用色和谐统一。

俏皮的地方在于餐桌上的花器与墙面装饰画的内容，尤其是墙面的装饰画，面积比较大，抽象的画风有着浓浓的时髦感，与花器形成了呼应。

砖红色属驼色的相邻色系，和桌面的绿植是对比色，这样一组小面积的对比色表达，适当地增加了空间的开放度，让空间更生动活泼。在运用驼色打造轻奢风格的空间时，不妨大胆运用当代的设计表达，点缀在空间中，以打破单一，制造更时尚多元的感觉。

轻奢风格配色氛围解析
优雅驼色 | 02

浅驼色　　深褐色

【浅驼色 + 深褐色】

　　浅驼色和深褐色搭配的餐厅空间，有一种稳稳的幸福感。这是一个用色非常稳健的空间，力量感十足，背景色和主体色都以深褐色为主，墙面局部的浅驼色和地面上浅驼色的瓷砖边线拉开层次。餐椅坐面的浅驼色和透明的水晶吊灯让空间有了透气感。酒杯、玻璃花器、吊灯的水晶材质，都是精致细节的体现。餐桌上点缀深酒红色的花艺，与深褐色属邻近色系。空间整体用色都是在近乎一致的色相中。

　　用色越深，色彩开放度越低的空间，越具有稳定感，同时也是保守的。在围绕轻奢风格这一主线展开设计时，需要注重空间的时尚感表达。越是具有稳定感的空间，越需要巧妙地在细节上运用一些精致材质，直白明确地表达出空间应具备的气质。

> YORO 御融设计

> 迦曼嘉设计

【深驼色 + 灰色】

深驼色

灰色

现代轻奢风的卧室空间常搭配驼色来打造高级感。背景色是深驼色和米白色的组合，主体家具的灰色与背景色形成冷暖对比。黑色柜体和墙面的深驼色都具有重量感，在空间中相互呼应。皮革、金属、石材的细节表达，增添了空间中的品质感。

虽然本案空间用色统一，没有点缀色，但仍然可以看到在这个看似单调的空间中，是有点缀物的。床上的搭毯和抱枕运用黑白格纹的肌理效果，以不张扬的手法，传达出低调的时尚感，并与墙面的复古装饰画形成呼应。运用象征时尚的纹理图案和画面内容，让空间变得精致时尚。

> 壹舍设计

【驼色 + 灰色】

 驼色

灰色

驼色属于秋天的色彩。夏末秋初时节，暑气刚褪，寒意未来，披着薄毛衫，喝着热奶茶，看着梧桐叶，领略初秋的意境与姿态。将驼色运用在轻奢风格的空间中，是最不容易出错的方案。驼色经典百搭，只要注重空间的用色平衡，通常都能呈现好的效果。在这个空间中，米色、驼色和深褐色同属橙色系，在搭配上注重了轻重和深浅搭配，整体用色温和内敛。通过灰色的点缀，给空间增加了冷暖的色彩层次对比。

同色系的色彩搭配，容易使空间氛围过于单一。为了进一步提升空间的品质感，可以尝试用不同的材质。如镜面、皮革、金属与皮毛地毯等元素，在色彩开放度不高，以及单一色彩不足以表达足够的轻奢感时，表达华丽感尤为奏效。

配色设计重点

低纯度的蓝色主要用于营造安稳、可靠的氛围，会给人一种都市化的现代派印象；而高纯度的蓝色可以营造出高贵、严肃的氛围，给人一种整洁轻快的印象。

如果不满足于千篇一律的家居色调，也可以尝试在时尚简约的轻奢家居中，注入一抹优雅高贵的蓝色，一方面可用于调节气氛，另一方面也能展现出典雅的家居风情。

冷色系的轻奢空间在凸显装饰品质的同时也会显得过于冷清，因此可以在室内点缀一点跳跃的颜色，以起到营造视觉焦点的作用。如十分亮丽的宝石蓝色，可以使整个空间变得生动。这些跳跃性的色彩，可以通过小家具、花艺、装饰画、饰品等配饰来完成。

⊙ 精致蓝色的配色灵感图

| C 89 M 63 Y 22 K 0 |
| C 69 M 10 Y 0 K 0 |
| C 0 M 20 Y 60 K 20 |

⊙ 低纯度与低明度的蓝色带有端庄高雅的气质，局部的金色衬托出精致的轻奢感

| C 50 M 15 Y 18 K 0 |
| C 17 M 13 Y 14 K 0 |
| C 0 M 20 Y 60 K 20 |

⊙ 高明度的蓝色给人一种整洁轻快的印象

C 85 M 60
Y 32 K 0

C 44 M 38
Y 42 K 0

C 0 M 20
Y 60 K 20

> 尚舍一屋

⊙ 单椅、地毯、窗帘上不同层次的蓝色带来优雅而高级的味道

> 方磊设计

| C 91 M 78 | C 18 M 16 | C 0 M 20 |
| Y 30 K 0 | Y 15 K 0 | Y 60 K 20 |

⊙ 蓝色和金色的整体搭配，浪漫中夹杂高贵感

> 方磊设计

| C 75 M 18 | C 32 M 23 | C 23 M 48 |
| Y 16 K 0 | Y 23 K 0 | Y 49 K 0 |

⊙ 包含孔雀蓝与金色元素的软装让空间更具时尚气息

轻奢风格配色氛围解析
精致蓝色 | 01

> 乐尚设计

钴蓝

金色

【钴蓝 + 金色】

　　明亮清澈的钴蓝色彩饱和度较高，有精致的奢华感，非常适用于表现轻奢风格的室内空间。空间中的背景色由米灰色和原木色构成，相比背景色都是高级灰的空间，原木色多了一分轻松自然的气息。主体色由钴蓝和米灰色构成，也可以把金色作为主体色，目之所及的三个颜色，层次清晰地搭配在空间中。用色面积以钴蓝为主，米灰色次之，金色为点缀，钴蓝和空间的背景色是对比色，显得时尚动感。

　　金色和地板的原木色相互呼应，同时，金属的质感也是轻奢风格的重要体现。单人沙发的面料选择非常点睛，经典的黑、白色具有时尚感，是室内空间永不过时的装饰。

轻奢风格配色氛围解析|

精致蓝色 | 02

蓝鸟色　浅咖色

【蓝鸟色 + 浅咖色】

　　蓝鸟色是蓝色系中色泽比较亮丽的颜色，接近开阔的天空和大海的色彩，单独看这个颜色能给人一种舒适的观感。在这个空间中，和蓝鸟色搭配最柔和的色彩是墙面的浅咖色。在浅咖色的映衬下，蓝鸟色如同沐浴着清晨时分的阳光，点亮整个空间。

　　空间的背景色由米白色、浅咖色和暖灰色组成。暖灰色相对较深，而且面积较大，因此容易产生沉闷感。米白色的边框把墙面的暖灰色一分为二，让视觉效果更加丰富。在主体家具的选择上，增加了空间里的浅色，如选择有设计感的白色石材餐桌可与背景色形成呼应，蓝鸟色的餐椅整齐摆放，让蓝色成为空间中的焦点。

轻奢风格配色氛围解析

精致蓝色 | 03

> 集艾设计

绀青

珊瑚粉

金色

【绀青 + 珊瑚粉 + 金色】

　　本案空间用色大胆有趣，在高级灰的背景下，主体色用高饱和度的绀青色带来视觉冲击力。与此同时，巧妙适宜地加入了小面积的珊瑚粉和金色，珊瑚粉和绀青形成对比色，让整个空间变得活跃，金色细节则提升了空间的品质感。

　　配色给空间带来了戏剧性的张力，选用图案丰富的壁纸、色彩浓艳的装饰抱枕，都是和空间配色气质呼应的表达。地毯选用的是几何图案，用色低调、纹理丰富整齐，从一定程度上呼应了壁纸和装饰抱枕，并起到了平衡空间的作用。整个空间给人以开放、包容、生动、快乐的感觉，非常动人。

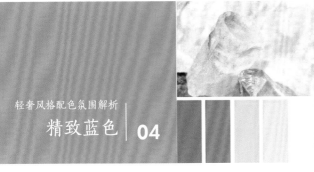

轻奢风搭配色氛围解析
精致蓝色 | 04

【蒂芙尼蓝 + 浅灰色】

　　本案空间的色彩搭配如薄荷般凉爽，让人心旷神怡。空间的背景色是暖灰色，沙发背景墙有银镜的细节装饰，整体色彩基调充满着高级灰的仪式感，并带有暖意。主体色用米白色和蒂芙尼蓝，两个颜色搭配在一起有一种温和不刺激、凉爽惬意的感觉，而且和背景色形成冷暖对比，显得精致动人。

　　地毯和小边几运用渐变的蓝和浅灰组合，让空间变得更加灵动、饱满。墙面的银镜、茶几的亮光漆和不锈钢材质、水晶吊灯、台灯和落地灯的水晶和金属元素，种种细节组合点缀在空间里，不仅毫不杂乱，还给人带来了充满画面感的想象。

蒂芙尼蓝　　浅灰色

POINT
配色设计重点

紫色是一种华贵的具有神秘气质的色彩，而且极富时尚感，恰好与轻奢风格要表达的优雅与精致的气质一致。

轻奢风格空间中可以选择一些紫色的小型家具作为色彩点缀，以形成空间的视觉焦点。比如紫色沙发和扶手椅就是一个很好的选择。

> 魅无界设计

| C 63 | M 65 |
| Y 27 | K 0 |

| C 25 | M 33 |
| Y 19 | K 0 |

| C 0 | M 20 |
| Y 60 | K 20 |

⊙ 卧室中的软装选择不同层次的紫色，传递梦幻和唯美的感受

	C 50 M 22 Y 26 K 0	C 20 M 68 Y 98 K 0

C 37 M 70 Y 16 K 0	C 0 M 20 Y 60 K 20	C 61 M 77 Y 91 K 42

⊙ 紫色的床头靠背与护墙板背景形成色彩纯度上的对比，从而突出主角的地位

⊙ 紫色与金色的搭配自带优雅的属性，装饰画与地毯的呼应让整体更为和谐

需要注意的是，在轻奢空间中使用紫色，色彩的对比搭配十分关键，避免让整体色彩效果失去重心，显得突兀。比如将紫色家具作为视觉中心之后，周围的装饰应尽量选择浅色或者灰色的，与之形成对比或作为映衬。

C 57 M 58 Y 41 K 0	C 16 M 10 Y 9 K 0	C 0 M 20 Y 60 K 20

⊙ 白色护墙的背景与软装中的紫色搭配出时尚摩登的色彩组合

C 30 M 35 Y 20 K 0	C 43 M 39 Y 43 K 0	C 45 M 25 Y 18 K 0

⊙ 粉紫色的贵妃榻增加了卧室空间的女性柔美气质

配色氛围解析

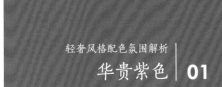

轻奢风格配色氛围解析
华贵紫色 | 01

紫灰色　**浅香槟色**

【紫灰色 + 浅香槟色】

　　坚定又温柔的卧室空间内，背景色和主体色组合的空间用色基调要和谐统一。白色、米白色、暖白色、浅咖色，简单而丰富。充满神秘感的紫灰色不花哨，不庸俗；浅香槟色的抱枕和家具的金属细节，都是力量感的表现，就像坚定的内心。兔毛质感的床毯带着春日的暖意，穿越严冬，驱走阴霾。

　　空间中的色彩运用、材质运用、比例把握准确恰当，就像生活在城市中的当代女性，她们在工作与生活之间，在爱好与责任之间，平衡两者，发挥优势，游刃有余。同时又能回归自己，最好的状态不过如此。

> 品辰设计

> 魅无界设计

【帝王紫 + 奶茶色】

帝王紫

奶茶色

帝王紫是非常女性化的颜色，神秘而华丽，而且只需小面积使用，就能为空间"穿上"柔美时尚的外衣。空间中的背景色与紫色形成了对比关系，白色和奶茶色组合，搭配米灰色的地面，是统一的色系基调。紫色系和橙色系是一组对比色系，由此增加了空间的开放度。帝王紫饱和度高，有力量感，餐椅、茶几以及餐桌桌面的重色与之形成呼应，在空间中形成了良好的平衡关系。

装饰画、地毯都是平衡空间用色的陈设，并且能让色彩显得更为完整。金属不锈钢的边几、餐椅的细节和餐厅吊灯，从色彩和材质上提升了空间的质感。沙发的吊穗裙角设计，更是这个柔情似水的轻奢空间的细节表达。

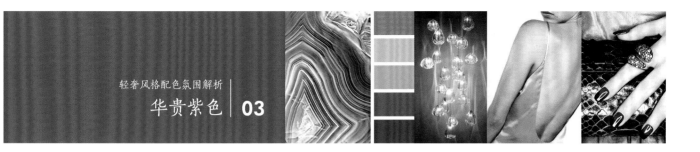

华贵紫色 | 03

> 香榭蒂设计

【紫灰色 + 浅咖色】

紫灰色

浅咖色

　　这是一个面积不大的卧室，背景色是墙布的浅咖色结合装饰木边条的咖啡色，这个配色给人的感觉是偏传统和中性的。空间中紫灰色所占面积比例较大，更像是作为主体色来呈现。与浅灰色搭配组合的床上用品、墙面从气质上有呼应关系，传达出传统、华丽之感。由此，墙面金属壁挂的选择也有据可依，与空间中的整体气质和谐统一。

　　空间中米白色的床背和床头柜上的台灯，拉开了主体家具和墙的颜色层次。墙面和床上用品之间的色调形成了很好的过渡，显得通透且精致。

轻奢
风格

软装设计节点

第一节

轻奢风格装饰材料

POINT
丝绒

丝绒是割绒丝织物的统称。其材质表面有绒毛，大多数由专门的经丝被割断后所构成。由于绒毛平行整齐，故丝绒呈现特有的光泽，如立绒、乔其绒等。丝绒由无数极细的毛绒簇集而成，其光泽度不逊色于丝绸，更比丝绸多了一种温润的触感，同时又区别于丝绸沉稳的类似磨砂效果的特殊质感。此外，丝绒表面光滑，有着极强的亲肤性，所以对人体的摩擦刺激系数仅次于丝绸。

丝绒最初是贵族女士们的专用品，早在16世纪，伊丽莎白一世女王就有着数不清的丝绒制华服。在很长时间里，整个欧洲尤其是各国王室都陷入了对丝绒的痴迷状态，甚至把它视为尊贵与地位的象征。现如今，各大品牌都在设计以丝绒材质为主的单品或者设计与其相融的合成品，处处皆现丝绒元素的影子。

> YORO 御融设计

⊙ 加入丝绒材质的地毯

金属般的光泽、柔滑的触感、立体感十足……不管把丝绒面料用在什么单品或者融合在什么产品上，都能起到画龙点睛的作用。尤其在居家装饰上大面积使用时，总能和其他材质的家具搭配出另一番独特的效果。

⊙ 丝绒单人沙发

⊙ 丝绒床头

⊙ 丝绒靠枕

皮草自古是权贵阶层的专享，流传至今依然是身份地位的一种标志。如今，这一标志物的使用扩展至家居装饰行业。皮草在家居装饰中均以点缀为主，其中以皮草为配饰的家具屡见不鲜，成为轻奢风格室内装饰的点睛之笔。

在家居行业与时尚界相互融合借鉴的今天，黄牛皮、奶牛皮等为室内设计穿上了一层高贵、华丽而又不缺乏硬朗的装束。而表面蓬松的面料混搭人造皮草，则常应用于木制家具和金属家具的装饰，如将其搭在扶手椅上，营造出空间温暖的氛围和高贵气质。

将皮草作为空间的装饰元素，除了单纯的大面积使用之外，还可以增加灵活多样的搭配方式。例如用皮草材料与针织、绸缎等质感完全不同的面料相拼接，或者与其他水晶或贵金属材料搭配，通过将这些不同材质的设计元素巧妙地组合在一起，可以营造不一样的视觉感官与设计韵味。

> 千寻软装设计

⊙ 皮草因本身膨胀的美感而赋予空间轻奢感

⊙ 皮草的温软与金属的冷硬形成强烈对比

轻奢风格的家居空间，具有时尚感的同时又不缺乏高贵品质，结合大理石材质天然纹理的自然气息，可以更好地塑造更为独特的空间魅力。大理石在家居中不仅可以用在台面中，也可以作为装饰背景用于垂直的墙面中，简约清新的色彩结合原始石材天然的纹理，使轻奢风格的空间弥漫着时尚与优雅气息。

　　近年来，用大理石材质制成的软装饰品层出不穷，如大理石砧板、杯垫、墙面挂饰、烟灰缸、茶壶等，都是打造轻奢时尚空间不错的选择。

> 刘荣禄设计

⊙ 后现代轻奢风格的大理石盥洗台

> 方磊设计

⊙ 大理石的硬朗气质混搭金属材质的现代感

仿石材墙砖不像天然石材具有放射性污染，且灵活的人工调色配比避免了天然石材所存在的色差以及干裂等问题。此外采用 3D 色彩打印的方式对石材纹理进行把控，让每一块仿石材砖之间的纹理拼接更加自然协调，因此其在空间装饰的运用上更为灵活。

⊙ 仿石材墙砖的应用

⊙ 大理石与金属线条是打造轻奢气质的绝佳搭配

⊙ 纹理自然粗犷的大理石墙面

皮革

一直以来，皮革在人们心中是奢华、高贵以及充满野性的象征，人们对于皮革的认知与运用已经完全融入日常生活中，且总有一种敬畏之心。而家居装饰的轻奢风格空间里，也离不开皮革的融合。皮革的强烈质感与纹理适宜用在居家空间中面积较大的区域，比如空间立面背景或者客厅的沙发、茶几或抱枕等。

皮革面料可分为仿皮和真皮两种，在选择仿皮面料时，最好挑选亚光且质地柔软以及相对密实的类型，太过坚硬或密度较小的仿皮面料容易产生裂纹、脱皮以及拉伸变形的现象。

值得注意的是，在轻奢空间中，不建议选择过于烦琐的皮革纹理和制作样式，比如菱形拉扣工艺、裂纹皮等，否则效果会适得其反。

⊙ 皮革软包与金属线条的组合提升了空间的质感

⊙ 真皮椅面与烤漆支脚的搭配让整个餐厅呈现出非同一般的精致感

轻奢风格注重设计手法上的简洁、大气，但并非忽视空间的品质和设计感，而是通过材质上的运用糅合使其品质升华，从而营造奢华的空间气质，不着痕迹地透露出对精致、品质生活的追求。金属材质自带摩登气质且不缺乏装饰主义的气息，是表现轻奢质感的常用元素，无论是高光的金属材质，还是亚光的金属材质，都极具张力与摩登气息。

　　黄铜是轻奢家居中较为低调而柔和的材质。它区别于金银的华丽，除了本身固有的质感外，更多的是它所散发出来的一种怀旧感，就像是时光的发酵色。黄铜隽永、温润的质感，赋予家居空间高贵与复古的气质。

⊙ 轻奢风格金属摆件

⊙ 金属材质隔断与大理石吧台相得益彰，营造出精致有质感的轻奢氛围

⊙ 金属材质书架常用于港式轻奢风格的家居中，给人一种强烈的现代都市感

如果是抛光金属，其表面还具有镜面反射的作用，可与周围环境中的各种物体或色彩产生交相辉映的效果。若加以灯光的渲染烘托，还能对空间的整体效果起映衬的作用。

将金属条镶嵌在墙面上，不仅能衬托空间中强烈的空间层次感，在视觉上营造出极强的艺术张力，同时还可以突出墙面的线条感，增加墙面的立体效果。金属条的颜色种类很多，在轻奢风格空间中，最好选用玫瑰金或者金铜色的金属条。

⊙ 黄铜元素具有精致、复古、明亮且富有光泽的特点，可以为空间增添满满的高级感

⊙ 将金属条融入墙面造型中，在视觉上表现出极强的艺术张力

镜面

在室内墙面装饰中，镜面材料的装点及运用不仅能突出个性，彰显品质，而且能体现出一种具有时代感的装饰美学。轻奢风格的空间装点中，少不了镜面的装饰，将各种不同质感的镜面材质灵活地贯穿其中，可以营造出独特、富有个性的空间气质。

⊙ 镜面除了扩大餐厅的视觉空间之外，还可通过反射将家具的美感发挥到极致

⊙ 镜面与木饰面板形成冷暖质感的对比，营造出简约时尚的效果

在相对狭长的空间里，于局部立面的位置设置镜面装饰，在视觉上起到拉升拓展空间的作用。但需要注意，安装镜面应进行收口处理，以增强其安全性和美观度。

⊙ 大面积的黑镜更好地衬托室内石材、金属以及皮革等材质的奢华，也让整个空间显得更加丰富饱满

> 刘荣禄设计

⊙ 墙面局部加入镜面的装饰，提升了黑白空间的光线感

POINT
木饰面

　　将富有自然木纹且温润环保的木饰面糅合到轻奢风格的室内空间中，无疑是一种材质与空间的天作之合。虽然木纹有一股与生俱来的朴素气质，但是将其恰到好处地运用于现代空间中，也能在简单中营造出奢华感。

　　木饰面表面的天然木纹清晰自然，色泽清爽，为时尚现代的轻奢风格空间增添几分自然气息的同时又不缺别具一格的装饰效果。此外，木饰面还有着结构细腻、耐磨、胀缩率小、抗冲击性好，并且环保、施工方便等多种优点。

> 吴泽空间设计

⊙ 木饰面虽然有着与生俱来的朴素气质，但是恰到好处地运用于现代空间，也会在简单中营造奢华感受

> CCD&伶居设计

⊙ 木饰面温润的纹路折射出空间的质感，质朴的木纹营造出轻松宁静的意境

在轻奢风格的家居装饰中，可将各种木饰面融入设计中，可留本色处理，凸显它的自然味道，也可以根据个人喜好，以及空间自身的特点和风格需求进行个性定制。由于木饰面选择范围广、品种丰富，所以在设计中应选择适宜的颜色以匹配整体空间的配色。

⊙ 木饰面板的天然纹理也是墙面装饰的一部分，它烘托出大宅的恢宏气度

⊙ 木饰面板与金属、大理石在同一空间中呈现，让视觉和触感都能得到完美表达

POINT 护墙板

护墙板的运用在欧洲有着数百年历史，在欧洲的众多古堡与皇宫中，护墙板的应用非常普遍。它是高档场所墙面装饰的必选材料，如今也逐渐融入现代轻奢风格的室内空间装饰中。用于制作护墙板的材质以实木、密度板、石材最为常见，此外，还有用新型材料制作的集成墙板。

根据现场背景尺寸与造型，护墙板可分为整墙板、墙裙、中空墙板等。护墙板的颜色可以根据空间整体的风格来定，轻奢风格中的护墙板以白色、灰色和褐色居多，也可以根据个性需求进行颜色定制。

⊙ 整面背景墙铺贴白色护墙板，显得简洁又不失高级感

⊙ 灰色系护墙板搭配简单的线条营造出一种现代轻奢效果

POINT

烤漆家具

　　烤漆家具光泽度很好，并且具有很强的视觉冲击力，似乎专为轻奢风格而生。简洁干练的家具线条，搭配烤漆特有的温润光泽，能够很好地打造出奢华、不浮躁的空间气质。此外，还可以在烤漆家具上运用镜面、金属等材料，让其更加时尚耐看，光彩夺目。

　　烤漆板的基材一般为中密度板，在表面经过打磨、上底漆、烘干、抛光而成，因此具有防潮、防水、抗污能力强，以及稳定性好、耐磨性高等多种优点。

> 香榭蒂设计

> YORO 御融设计

⊙ 烤漆书桌　　　　　　　　　　　　　　⊙ 烤漆单椅

二 POINT
丝绒家具

各种各样的丝绒是由于时装而流行的材质，隐隐泛光的质感非常符合轻奢的气质，通常应用于家具的面料。无论喜欢什么形状的沙发或椅子，都可以把材质换成丝绒，精致还自带高级感。即便空间中光照度很低，或选用了大面积的暗色系，丝绒家具仍有着不容忽视的存在感，这是普通布面或皮质家具无法达到的。

此外，将金属元素融入丝绒家具的搭配是最简单却能瞬间彰显品质感的方法。

⊙ 加入丝绒材质的餐椅

> YORO 御融设计

⊙ 将金属元素融入丝绒家具

上海全筑第一设计分院

集艾设计

⊙ 丝绒材质的休闲单椅

⊙ 金属与丝绒搭配的单椅彰显空间轻奢气质

132 软装全案设计教程 轻奢风格

皮质家具

皮质家具以其庄重典雅、华贵耐用的特点为人们所喜爱。传统皮质家具造型庞大而气派，给人严肃稳重有余而活泼不足的感觉，而轻奢风格家居中的皮质家具在具备豪华气质以外，还融合了各种丰富的设计元素，极富时尚气质与轻奢感。

轻奢风格皮质家具的造型要避免像传统的皮质家具那样给人过多的压抑感，比如选择条纹或者几何造型的车线。在皮料的运用上可以更大胆个性一些，比如选择翻毛皮、磨砂皮等。

⊙ 两种色彩组合的皮质单椅

⊙ 皮质餐椅富有时尚气质与轻奢感

四 POINT
金属家具

　　整体为金属或带有金属元素的家具，不仅能营造精致华丽的视觉效果，而且其极富设计感的造型，能让轻奢风格的室内空间显得更有品质。同时，金属家具简洁的线条与空间的融合度较高，再搭配金碧辉煌的色彩，完美地诠释了简约与奢华并存的轻奢理念。

　　此外，近年来大理石在家具设计中的运用也越来越多，天然大理石和金属的碰撞，让轻奢空间更显立体感和都市感。

◎ 造型极富设计感的金属吧椅

◎ 金属材质的书椅

异形家具

随着室内设计行业的不断发展，轻奢风格家具的设计也呈现出日新月异的趋势。在轻奢风格的空间添加一些奇妙的异形家具，能为家居设计带来意想不到的惊喜。

这种造型独特、打破传统常规的家具设计，给大家带来了一种全新的感觉和生活体验，将个性创意元素与实用主义融入到了空间中，不仅能把轻奢风格的空间装点得更具气质，而且还让家居装饰成了一种艺术。

⊙ 异形边几

⊙ 异形玄关桌

第三节

轻奢风格照明灯饰

轻奢风格的灯饰在线条上一般以简洁大方为主，装饰性要远远大于功能性。造型别致的吊灯、落地灯、台灯、壁灯都能成为轻奢风格重要的装饰元素，还有许多利用新材料、新技术制造而成的艺术造型灯具，让室内的光与影变幻无穷。在灯光的色彩上，可以搭配柔和、偏暖色系的颜色给轻奢风格的空间增添时尚前卫的气息，起到画龙点睛的作用。

> 万磊设计

⊙ 裸露灯泡造型的黄铜灯饰独具创意，体积虽小却成为空间中的点睛之笔

间接式照明在轻奢风格的室内也很常用，作为现代室内装饰中不可或缺的重要组成部分，其功能已不只是满足于单一的照明需要，而是向多元化的装饰艺术转化。利用灯带以及暗藏光源等作为空间的基础照明，可以制造出只见灯光不见灯的效果，增加了轻奢风格家居的层次感。这类照明经常被应用在吊顶中，也可以用在装饰柜内。

⊙ 后现代风格的几何造型金属吊灯具有鲜明的个性和艺术气息

⊙ 利用隐藏的灯带作为空间的基础照明，制造见光不见灯的效果

> CCD&怜居设计

> 臻品空间设计

> 上上国际设计

⊙ 轻奢风格空间的灯饰通常造型简洁现代，具有很强的装饰性

金属灯

金色的金属灯饰是轻奢风格空间中必不可少的装饰元素。灯饰上的金色又分为沙金、玫瑰金、电泳金、钛金、金古铜、青古铜、黄古铜等好几种细分颜色。除了青古铜、黄古铜这些全铜的材质以外，金属灯的表面处理分喷漆、喷粉、电镀、钛金等类型。就成本来说，喷漆、喷粉的价格较低，电镀的适中，钛金的稍贵，全铜的最贵。

全铜灯在材质上主要以黄铜为原材料，并按比例混合一定量的其他合金元素，使铜材的耐腐蚀性、强度、硬度和切削性得到提高。轻奢风格空间中的全铜灯线条简洁，在类型上常见的有台灯、壁灯、吊灯、落地灯等。

⊙ 金古铜电镀吊灯

> 达文设计

⊙ 全铜吊灯

⊙ 电泳金落地灯

POINT

水晶灯

在轻奢风格的空间中，如果客厅或餐厅的面积较大，可以考虑选择水晶灯作为空间的灯饰。晶莹剔透的水晶和玻璃灯饰以其绚丽高贵、梦幻的气质，为轻奢风格的家居空间带来华丽大方的装饰效果。为达到水晶折射的最佳七彩效果，最好选用不带颜色的透明白炽灯作为水晶灯的光源。

> 邱玲玲设计

⊙ 水晶灯流露出低调高贵的气质，成为客厅空间的装饰主角

○ 水晶灯在玻璃墙面的映衬下，更能显现出其晶莹耀眼的特征

○ 挑高客厅内以装饰长款水晶吊灯来弥补空间的空旷感，极具现代设计感的
造型为空间注入华丽元素

艺术吊灯

别致的灯饰是轻奢美学与建筑美学完美结合的产物。在轻奢风格的室内空间中，灯饰除了用于满足照明需求外，还具有无可替代的装饰作用。艺术吊灯可以为轻奢风格空间增添几分个性气息，并且以其缤纷多姿的光影，提升轻奢风格空间的品质感。

艺术吊灯的材质以金属居多，金属的延展性为富有艺术感的灯饰造型带来了更多的可能性，并且以其精简的质感，将轻奢风格简约精致的空间品质展现得淋漓尽致。

⊙ 艺术吊灯与仙人掌造型的饰品相映成趣，同时也更容易营造轻奢氛围

⊙ 多盏小吊灯高低错落悬挂，组成了一幅极富冲击力的艺术画面

布艺是整体软装设计中非常重要的角色，在居室中它不仅有不可或缺的使用功能，而且因为它具有丰富的色彩、纹样和不同的质感，所以不论从视觉还是触觉方面都能给人带来一种美的感受。不同风格的家居需要搭配不同的布艺，因此应根据整体风格来确定布艺搭配的基调。轻奢风格最主要的气质特点是高冷的奢华，每一个轻奢空间的打造都少不了金属、镜面等材质，所以在布艺的搭配上，应该利用织物本身的细腻、垂顺、亮泽等特点来调和冷冽的金属感。

> 施少芬设计

⊙ 轻奢风格床品

⊙ 轻奢风格抱枕　　　　　　⊙ 轻奢风格窗帘

⊙ 轻奢风格窗帘适合选择丝绒、丝绵等细腻、有光泽的面料

POINT
窗帘

　　轻奢风格的空间可以选择冷色调的窗帘来迎合其表达的高冷气质，色彩对比不宜强烈，多用类似色来表达低调的美感，然后再从质感上来中和冷色带来的距离感。可以选择丝绒、丝绵等细腻、有光泽的面料，尤其是垂顺的面料更适合这一风格，因为垂顺的质地能给人一种温和柔美的感觉，具有非常好的亲和力。

⊙ 轻奢风格窗帘搭配方案

轻奢风格的窗帘设计要尽可能地避免过于繁杂的纹样，也不适合设计过于隆重的款式，因为繁复的装饰往往会破坏轻奢风格所追求的"轻"。素色、简化的欧式纹样均为轻奢风格常用的纹样，多倍铅笔褶的款式结合细腻垂顺的面料，能营造出简单而不失奢华的美感。

◎ 垂顺质地面料的窗帘给人温和柔美的感觉，是轻奢风格空间的首选

轻奢风格的床品常用低纯度、高明度的色彩作为基础，比如暖灰、浅驼等颜色，靠枕、抱枕等搭配色彩对比不宜过于强烈。在面料上，压绉、衍缝、白织提花面料都是非常好的选择，点缀性地配以皮草或丝绒面料可以丰富床品的层次感，强调视觉效果。

> 香榭蒂设计

⊙ 将神秘浪漫的紫色床品用在高级灰空间，冷色视感展现出极致诱人的优雅力量

⊙ 带有光泽感的面料流露出华贵气息，不同明度的蓝色创造出丰富的层次感

⊙ 床品与台灯的全铜质感形成鲜明的对比，创造出一种高级质感的同时打破了暗色的沉闷

地毯不仅能提升室内空间的舒适度，而且其色彩、图案、质感等元素又能在不同程度上影响家居的装饰主题。

轻奢风格空间的地毯既可以是简洁流畅的图案或线条，如波浪、圆形等抽象图形，也可以是单色的。各种样式的几何元素地毯可为轻奢空间增添极大的趣味性，但地毯的图案不宜过于复杂，还要注意与家具以及地板之间的协调。比如沙发的面料图案繁复，那么地毯就应该选择素净的图案，若沙发图案过于素净，那么地毯可以选择图案更丰富一些的。如果地板的颜色是深色，那么地毯的颜色就应该选择浅色，反之则选深色。这样才能更好地突现空间的层次感。

⊙ 相比豹纹奢华狂野的气质，由经典的黑白两色组合而成的斑马纹既不失野性张力，亦优雅温和，更易驾驭

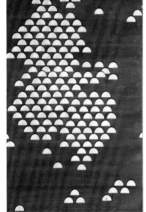

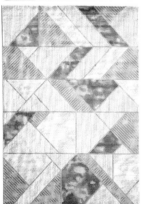

⊙ 轻奢风格地毯样式

⊙ 带有毛皮拼接设计的地毯具有明显的点睛作用，给卧室空间增添了一种野性的韵味

⊙ 蓝白格纹地毯呼应沙发的色彩，在不经意间给人以典雅和随性的感觉

四 POINT
抱枕

抱枕在轻奢风格的家居环境中可以起到画龙点睛的装饰作用。抱枕的搭配最好参照整体空间的配色，如果是软装色彩比较丰富的轻奢空间，在选择抱枕颜色时最好选用与其他软装元素同一色系的颜色，这样空间环境不会显得杂乱。如果整体色调比较单一，则可以在搭配抱枕时选用较为跳跃的颜色，但不可对比过于强烈。

轻奢风格更多的是从材质的差异化来体现空间的层次感和品质感，所以，在为皮质的沙发搭配抱枕时，可以选择一些皮草、丝绒等细腻温和的面料；反之，在为丝绒面料的沙发搭配抱枕时，可以选择一些皮质或金属质感的抱枕。

> 壹舍设计

⊙ 抱枕的色彩分别与沙发、绿植等其他软装相协调，避免空间出现杂乱感

⊙ 轻奢风格抱枕样式

⊙ 如果室内色彩比较单一，宜选用对比色的抱枕搭配，甚至可以出现夸张的图案

⊙ 前后叠放的抱枕除了里大外小的原则外，通常把居中的抱枕作为视觉中心点

⊙ 以居中的抱枕作为中心点，左右对称陈设的形式给人整洁有序的感觉

⊙ 抱枕与沙发通过材质的差异化来体现空间的层次感和品质感

软装饰品是轻奢风格室内空间中最具个性和灵活性的搭配元素。它不仅仅是空间中的一种摆设，更多的还代表着居住者的品位，并且能够给室内环境增添美感。个性与原创是轻奢风格家居的装饰原则，因此在搭配软装饰品时，一方面需要注入对家居美学的巧思，另一方面要融入独到的个人风格，打造出独一无二的家居空间。轻奢空间里的每一幅装饰画、每一盏灯饰、每一件画龙点睛式的个性轻奢饰品，都在强化主题风格的同时，提升了轻奢家居的艺术感。

> 张薇设计

⊙ 轻奢风格的软装饰品常以金属、陶瓷、水晶灯等材质为主

在为轻奢风格空间选择装饰壁饰时，数量不宜过多。一些造型精致且富有创意的壁饰，有助于提升轻奢空间墙面的装饰品质。此外还可以运用灯的光影效果，赋予壁饰时尚气息的意境美。需要注意的是，由于软装元素只有在风格上统一，才能营造整个空间装饰效果的连贯性，因此装饰挂件的形状、材质、颜色要与同区域的饰品相呼应，以营造出非常好的协调感，并让家居空间显得更加完整统一。

金属是工业化的产物，同时也是体现轻奢风格特色最有力的手段之一。一些金色的金属壁饰搭配同色调的软装元素，可以营造出气质独特的轻奢氛围。

需要注意的是，在使用金属壁饰来装饰墙面时，应添加适量的丝绒、皮草等软性饰品以调和金属的冷硬感。在烘托轻奢空间时尚气息的同时，还能起到平衡家居氛围的作用。

⊙ 不规则且造型夸张的装饰是后现代风格的主要特征之一

⊙ 玫瑰金金属壁饰为空间注入永不过时的轻奢气息

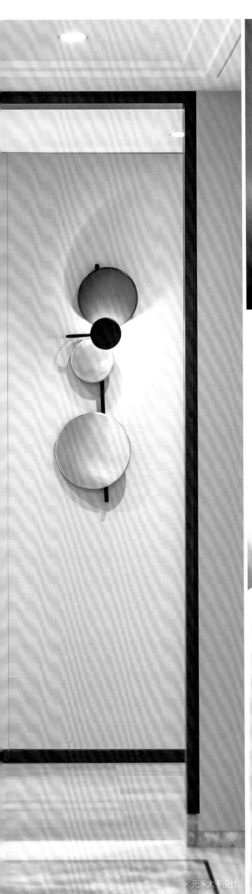

POINT
摆件

轻奢风格选择摆件的原则是少而精，以表现出轻奢华丽的家居氛围，并且在摆设摆件时应注意一定的构图原则，避免在视觉上产生一些不协调的感觉。

轻奢空间所搭配的摆件往往会呈现出强烈的装饰性，在摆放时要灵活地运用重复、对称、渐变等美学法则，使几何元素融入摆件中，同时呼应空间里的其他元素，使整体富有装饰性。如采用金属、水晶以及其他新材料制造的工艺品、纪念品与家具表面的丝绒、皮革一起营造出华丽典雅的空间氛围。

> 上上国际设计

⊙ 人物雕塑摆件

其中，金属摆件的风格和造型可以随意定制，以流畅的线条、完美的质感为主要特征；水晶摆件玲珑剔透、造型多姿，如果再配合灯光的运用，会显得更加晶莹剔透，能在很大程度上增强室内空间的感染力。

此外，抽象造型的饰品以其独具特色的艺术性，在现代轻奢家居中被广泛运用，抽象的人脸摆件、怪诞的人物雕塑都是现代轻奢风格里最常见的软装工艺品摆件。

⊙ 抽象人脸摆件

⊙ 金属制品摆件

⊙ 水晶工艺品摆件

> 黄志达设计

摆件

> GNU 金秋软装设计

> 印象空间设计

> TT 同心同盟设计

> 零沢万空间设计

> 伊派设计

> 臻品空间设计

> 方磊设计

POINT
花艺

　　轻奢风格花艺的造型与构图往往变化多端，追求自由、新颖和趣味性，以突出别具一格的艺术美感。在花材和花器的选择上限制较少，植物的花、根、茎、叶、果等都是轻奢空间花艺的材料。另外，花材的概念也从鲜活植物延伸到了干燥花和人造花，并且植物材料的处理方法也越来越丰富。

⊙ 抽象人脸花器富有个性，塑造空间的后现代艺术氛围

⊙ 花艺既可单独摆放，也可与其他摆件按三角形构图的法则进行摆设

由于花艺作品的外形自由、抽象，与之配合的花器一般也造型奇特，有时会呈现出简单的几何感，以强调轻奢风格空间精致和注重装饰品质的特点。并且，花器的选材广泛，如金属、瓷器、玻璃、亚克力等材质都较为常见。

⊙ 花艺虽小，但也应注意与其他软装形成色彩上的统一

⊙ 金属花器线条简洁利落，展现出轻奢而不失灵动的魅力

> 万磊设计

> 伊派设计

> GND 宝秋设计

> TT 同心同器设计

> 几何空间设计

装饰画是现代家居中必不可少的装饰元素。轻奢风格空间于浮华中保持宁静，于细节处彰显贵气，既可以在墙上挂一幅装饰画，也可以把多幅装饰画拼接成大幅组合，以制造出强烈的视觉冲击效果。此外，抱枕、地毯、摆件等都可以和装饰画中的颜色进行完美融合。

⊙ 多幅装饰画拼接成大幅组合，具有强烈的视觉冲击感

⊙ 抽象图案装饰画为墙面注入艺术的活力，是轻奢空间的常见选择

轻奢空间的装饰画一般会选用建筑物、动物、植物、设计的海报、英文诗歌等内容为素材，使用摄影、油画、插画等表现手法，将高品质的艺术味道展现出来，色彩以淡雅为主。此外，还可以将抽象画的想象艺术融入轻奢风格的空间里。抽象艺术最早出现于俄国艺术家康定斯基的作品中，它是由各种反传统的艺术影响融合而来，虽然一直被人们看成是难懂的艺术，不过在轻奢风格的空间里却能起到画龙点睛的作用。

　　在装饰画的画框搭配上，除了黑、白、灰色细边框及无框画，细边的金属拉丝框是最为常见的选择，可与同样材质的灯饰和摆件进行完美呼应，给人以精致奢华的视觉体验。

⊙ 细边的金属拉丝画框提升空间的精致感与品质感

⊙ 白色墙面搭配高纯度色彩的装饰画容易形成空间的视觉中心

> 同盟设计

> 库玛设计

> H DESIGN

> 臻品空间设计

> 千寻软装设计

五 餐桌摆饰

　　餐桌摆饰是轻奢风格软装布置中一个重要的单项，它便于实施且富于变化，是家居风格和品质生活的日常体现。

　　轻奢风格的餐桌摆饰主要以体现精致轻奢的品质为主，因此往往呈现出强烈的视觉效果和简洁的形式美感。设计上摒弃了现代简约风格的呆板和单调，也没有古典风格中的烦琐和严肃，而是给人恬静、和谐有趣的氛围，或抽象或夸张的图案，线条流畅并富有设计感。餐桌的中心装饰可以是以黄铜材质制作的金属器皿也可以是玻璃器皿。在餐具的选择上，主要以玻璃、陶瓷、不锈钢等材质为主，一般通过镶金边的形式呈现出低调的精致感。

⊙ 白绿色的花艺是轻奢风格餐桌装饰的最佳搭配

⊙ 镶金边的餐具勾勒出满满的高级感

> 魅无界设计

⊙ 紫色餐巾让餐桌摆饰有了一种无形的浪漫情调

> 壹舍设计

⊙ 以镀金金属摆件作为餐桌的中心装饰物

> 印象空间设计

> 几何空间设计

> 元禾大千设计

> IDEAL-YLH 地产

设计实例解析

材料应用实例解析

> 冷万宝 设计

① 软包背景

餐厅采用圆柱形的软包作为墙面的主材，增加空间的品质感，通过框线的收口形成了一个完整的背景。黑色泼墨装饰画采用当代艺术手法，让人耳目一新，将普通空间营造出高雅气质。

② 吊顶钛金线

吊顶采用圆角矩形金属线条收口，是轻奢风格简单且常见的吊顶装饰方式。由于涉及异型处理，需直接跟厂家对接定制，以免出现瑕疵。吊顶的侧立面采用的是 7cm 的定制线条，比吊顶侧边略宽一些。顶面的线条则采用了较窄的 2cm 线条，并做了嵌入处理，让细节呈现更加完美。

③ 餐桌组合

椭圆形的白色石材餐桌打破了过去非圆即方的餐桌形式，给人一种新鲜且时尚的感觉。雪尼尔绒布饰面的椅子舒适优雅，其墨绿色的体块在增加空间色彩层次的同时也增加了家具的体积感。餐椅包铜的锥形腿部既有北欧风格的时尚格调，同时还兼具轻奢的细腻质感。

④ 定制灯具

在现代家居环境中，灯具的设计同样与时俱进，出现了大量的新款设计。LED 光源的广泛应用，给了灯具更多的发展空间。本案采用了一款交叉网格的 LED 光源定制灯具，整体长方形组合的外观，与吊顶的色彩和形状匹配度较高，形成了和谐的装饰效果。

> GNU 金秋设计

① 实物装裱画

将精心挑选的时尚杂志，以亚克力透明框架装裱起来，具有艺术与新奇美感。也可以根据自己的喜好来调整画面，体验自己动手的乐趣。搭配时要注意根据房间的整体配色来挑选底色纸张，边框也要适当宽一些，这样才能体现出装饰画的与众不同。

② 无缝墙布

在硬装改造中，使用无缝墙布也是一种不错的选择，其柔软的质感会提高整个空间的舒适度。同时，无缝墙布在施工中不会产生拼接缝隙，避免了后期开缝开胶的情况。相对于壁纸而言，墙布造价略高一些，同时在处理窗口、门口等区域时损耗较大。本案中素面墙布的使用，很好地衬托出软装的精致与空间的舒适。

③ 软包床头

棉麻质地的软包床头，用长方形阵列的形式来表达来源于当代建筑的简约精神，同时也向居住者展示出其柔软的特性，提高了舒适度。其长度大于床头，与两侧床头柜对齐，给空间营造出一种无边界的美感。

④ 抱枕配饰

湖蓝色雪尼尔绒布面料的抱枕，为黑白灰的空间带来了一丝高贵质感与色彩对比。金色的修边细节与床头柜上的金色饰品相呼应，让空间呈现出细腻精致的美感。带有珍珠亮片装饰的抱枕，在灯光的映照下熠熠生辉，为朴素的床品平添了几分贵气。

> 库玛设计

定制的如山水般的水晶吊灯，在光线的映衬下给人以丰富的视觉享受。一片片精致的碎片通过有序的排列，由点到面再到一个整体，犹如一件艺术品。玫瑰金的底座和连接挂件与家居空间整体材质相同，避免突兀感。

③ 餐桌装饰

极为现代的长方形大理石餐桌，其玫瑰金的底座支架富有当代建筑美学气息，与楼梯隔断相互映衬，让空间感受更加完善。餐桌上的饰品以透明的玻璃器皿为主，简洁通透的质感让人放松。白色的餐具干净大方，餐桌上硕大的玻璃花瓶插满了白绿相间的花枝，让空间体现富足奢华的同时又富有一丝田园气息。

④ 吊顶细节

设计吊顶时，在层高允许的情况下增加灯池的高度，这样可让光线自然地发散开，从而形成柔和的光照效果，让空间更显温馨。为了避免单调，可设计一些小的金属线条嵌在吊顶凹槽内部，勾勒出吊顶的轮廓以及丰富的层次。

① 不锈钢隔断

作为楼梯间与餐厅之间的隔断，既要做到隔而不断，同时又要精致美观。设计师采用了玫瑰金不锈钢作为隔断的框架，然后间隔镶嵌岩板石材作为装饰，让材质的粗犷与细腻形成了反差。同时通过隔断间的空隙又可以欣赏楼梯后的建筑空间，使空间视觉丰富且富有节奏。

> 奥迅设计 & 奥妙陈设

1 画框组合

镜面材质的画框极具装饰性，并与整体背景的多处金属收边相呼应。画面组合形式为对齐式拆分结构，最外框为矩形边界，内部则通过拆分形成了大小不同的画面，然后用相同题材，将打散的碎片画面有机地结合起来，在视觉上形成统一。装饰画中的哥特式教堂建筑结构宏伟壮观，整体配色与软包背景一致，整体空间内容丰富而不显凌乱。

2 软包背景

造型墙面上灰色镜面的应用丰富了空间层次。圆柱形软包排列成了背景，让原木平面形的墙体呈现出立体感。两翼采用了环抱形的造型，利用石膏板呈阶梯形叠加做出层次，铜质感的拉丝金属条收边美化了细节，并增强了客厅的围合感。最外圈则以黑白大理石包口的形式收边，让空间呈现出一种古典的美感。

3 家具搭配

以象牙白作为家具的基础色，烘托出空间的温馨感。蓝色的水波纹地毯与家具颜色形成反差，并区分出了整个空间区域的专属性。咖色的靠枕与背景墙的软包相呼应，增加了家具的体积感，灰蓝色的靠枕则与地毯配色相呼应，使空间配色更加连贯。花卉图案的抱枕体现出一种富贵殷实的家居格调。黑色玻璃台面的茶几与沙发背景形成对应关系，并增强了家具组合的色彩对比。

4 饰品摆件

在软装饰品的搭配上，选用了金色拉丝质感的摆件，将空间建筑风格延续到了软装层面。对称摆放的金色台灯，使空间极具仪式感。茶几上插满干花的花瓶晶莹剔透，给空间增添了几分生机。金色的烛台与器皿摆放规则，绿色的葡萄果盘成为点缀空间的亮色，使整个画面看起来更加充盈饱满。

> TT 设计

1 飘窗设计

本案的飘窗设计有效增加了卧室的空间感，将窗帘装在靠近窗户的位置，让卧室看起来更加宽阔。而且飘窗通过墙板的装饰，以及坐垫的铺设增加了休闲空间的舒适度，让主人多了一个休闲小憩的专属空间。

2 床头设计

柔软奢华的床头背景无疑是整个空间的核心主题和视觉中心。圆柱形状的软包整齐排列，其表面采用了具有几何肌理的皮革饰面，让整个床头背景无论是远观还是近看都品质感十足。床头的挂饰采用了金属螺旋状的艺术装置来装点空间，提升了空间格调，如梦似幻，让空间充满遐想。

3 硬装细节

双层的灯池吊顶尽显奢华，采用玫瑰金拉丝金属条装饰吊顶的边缘，让顶面空间细节充满了质感。因为楼层较高，特意选用了一款轻奢水晶灯饰来作为点缀。在照亮空间的同时，也很好地与吊顶细节相互呼应。

4 饰品搭配

轻奢卧室内通常会放置质感较为细腻的金属器皿、相框来装饰床头。在本案中，床头柜的摆放采用了对称的构图方式。铜质感的拉丝台灯底座搭配黑色灯罩，呈现一种深沉的美感。随处可见的装饰花艺为空间增加了自然气息，为偏冷的轻奢空间增添了些许温馨感。

> 冷元宝设计

① 硬装造型

背景中对拼的大理石瓷砖造型夸张，富有个性，经设计师精心设计的金属分割线巧妙地化解了工艺缝隙的处理难点，同时增加了三段式的建筑对称与仪式感。

② 家具画品

活动家具通常是一个空间的灵魂所在，而且对空间所要表达的格调起着关键作用。黑色与金色相间的端景台的选择同样非常用心，从外观来看与整个玄关背景高度契合，同时其简约的外观富有协调美感。墙面上的挂画同样也看出了设计师的匠心独具，黑色的边框和金色的画面与端景台相呼应，并与整个空间色调统一起来。

③ 陈设摆件

高低不同且非常精致的装饰艺术风格金属烛台，看似随意摆放，实则与右侧的花艺形成了对称的画面。中间两个小鸟陶瓷摆件似乎在进行着什么对话，让空间充满生机。

④ 灯具灯光

在室内设计中，灯具的选择和灯光的设计同样重要。在本案中，设计师选用了对称的金属吊杆吊灯来装饰空间，与玄关背景的金属线条有机地呼应起来，强化了装饰艺术与简约结合后的线条几何感。而用来照明的顶部射灯，则采用了并排的 COB 射灯，实现了同时照亮装饰画和桌面上装饰品的功能，让室内空间的层次感更加分明。

> 上海 G&K

1 金属床头灯

床头采用吊灯来替换放置台灯的方式，解放出床头柜的台面，并且灯具本身也是一件极具观赏性的艺术品。灯体的不锈钢金色圆杆，给人一种细腻的现代质感；螺旋排列的圆形灯体，仿佛婀娜多姿的舞者，又如律动的音符，不禁让人沉醉，在以直线为主的极简空间里显得十分灵动。

2 软包床头

床头软包背景很好地表达出卧室本该具有的柔软属性。通过格子分隔的造型很好地体现出当代设计师的匠心精神，精致且不流于俗套。作为间隔的金色不锈钢嵌板与整个空间中的软装点缀相互呼应，细腻优雅。象牙白色的皮革材质，同样流露出高雅的气质，并升华了空间。

3 精美床头柜

精美的床头柜是典型的轻奢主义家具，半圆形的柜体柔和精致，爵士白的石材台面搭配拉丝金属包边，将材料与工艺完美融合。皮革包覆的柜体，质感柔软，气质高雅，精心设计的拉手仿佛一条带吊坠的项链，巧妙的构思让人赏心悦目。床头随意摆放一件相框和小小的花艺让空间充满生活气息。

4 硬包背景

硬包背景属于基础装修的范围，可选择皮革或者布面作为基础材质。由于其幅宽限制，在缝隙的工艺处理上使用精细的金属线条收口，呈现出完整的装饰效果。在背景选色上，由于其面积较大，通常为背景色，所以建议尽量避免搭配过于浓重的色彩。

1 吊顶墙板

由于灯槽顶部较高的缘故，设计师增加了灰色轻奢木饰面的长城板。木饰面墙板通常采用高密度的奥松板作为基材，表面贴覆对应的实木木皮，再对其做油漆饰面。本案中的木饰面采用的是细腻开放漆的工艺做法，表面效果同木蜡油相似（也可直接做木蜡油，但成本会有所增加）。

2 皮雕背景

条纹状的皮雕背景让卧室更具高级感，而乳白色的皮革加上非常有秩序的半圆形竖条纹，让整个背景的细节更加丰富。黑色的不锈钢条收边不宜过宽，精致细腻的收边给人的感觉合更加舒服。

3 布纹硬包

床头柜两侧的背景，采用了灰布纹的硬包饰面，其简洁的线条与布艺纹理的细节装饰，体现了现代空间该有的利落感，而且大面积硬包带来了极致的视觉享受。

> CCD& 伶居设计

> YORO 御融设计

② 喜鹊装饰画

在一个空间区域中，搭配一幅装饰画就可以让空间突出一个主题或者氛围，平添艺术气息。装饰画的底色为白色，与背景的颜色很好地形成了反差。六只喜鹊进食的画面有趣生动并且寓意吉祥，让空间多了一份美好的寓意。

③ 年轮茶几

仿铜拉丝不锈钢的茶几搭配黑色玻璃桌面，精致且充满自然气息。在色彩上与其他家具相呼应，延续了整个空间的配色体系。精心摆放的水晶烛台和玻璃器皿，为空间增加了许多富足气息。

④ 泼墨地毯

虽然图片对本案地毯没有展示多少，但其作用不可忽视。地毯上泼墨意境的加入，让东方情调渗透到空间的每一个角落里，使整个空间呈现出一种书香文人的气质。

① 柱形软包

将排列整齐的圆柱形软包作为背景，营造出柔软的舒适感，其基础可用 PVC 管做衬底，然后用皮革包覆于表面，装饰效果比较高端。在软包的收口周边应设计出足够厚的边框，避免侧边外露。本案中的边框为不锈钢边条加灰色镜面的组合。

1 硬包背景

倒八字角的基材板外包覆皮革制作的硬包背景简约大方，通过其工艺缝隙的切割划分来营造秩序感，美化了装饰效果。硬包背景四周则采用了定制的金属线条来收口，中间嵌入深色木纹饰面板作为装饰。

2 圆角斗柜

圆角的斗柜给人以柔和圆融之感，金色拉丝的装饰把手及配件与柜体结合在一起形成了一种复古皮箱的既视感，让创意游离于当代与复古的艺术之间。圆角斗柜的制作工艺较为复杂，需要进行打磨塑形，使其与常规家具划清界限。

3 陈设艺术

印刷装饰框画，截取哥特式教堂的穹顶柱子作为装饰画的主题，画框选用了金色框小黑边的样式，体现了既复古又简约的轻奢态度。镂空花器局部用金色点缀，与整体风格搭配和谐，绿色的花枝为空间增加了自然的色彩，白色珊瑚下还特意摆放了切口烫金的书籍与之左右呼应。

1 定制灯组

好似树枝藤蔓一样的艺术灯组点缀于顶面空间，让原本平淡的顶面增加了艺术与自然气息。整个吊灯组采用了金色不锈钢材质骨架连接，并用水晶挂坠装饰排列，形成了一个远看有轮廓，近观有细节的艺术灯组，创意与时尚兼顾。

2 玻璃展柜

通体到顶的内嵌展柜既具有陈设功能，又与墙面融为一体，整洁大方。敞开式的展柜背板则采用了黑白根仿大理石瓷砖，搁板上整齐陈列着黑白双色的书籍，为空间增加了几分书卷气。落地的玻璃柜门采用金色金属框收边，大气简洁地诠释了简约极致的轻奢气质。

3 不锈钢隔断

在餐厅与客厅分界处的垭口采用了不锈钢金色拉丝材质来处理，直接到顶的收口整齐大方。在楼梯下方采用两扇不锈钢定制的隔断划分空间，既不影响采光，又与整体垭口协调一致。

4 灰色墙板与壁龛

餐厅的墙面由于建筑结构限制，只能采用局部掏空做壁龛的形式来满足展示需求，而灰色的木质护墙板与金属线条的装饰，令墙面与壁龛形成整体感的视觉效果，使壁龛不显得突兀。

1 不锈钢隔断

不锈钢方管与玻璃层板相结合的酒柜隔断，在划分区域的同时，还具有陈设装饰品的功能，精心挑选的装饰品与书籍有序摆放，为空间增加了艺术氛围。

2 定制水晶灯

在层高足够的情况下选用定制的水晶吊灯，无疑是提升空间品质最直接的方式。水晶灯能够提供充足的照明光线，同时其水晶灯珠在光源的照耀下熠熠生辉，尽显奢华。

3 金属装饰条

在轻奢风格中，金属线条无疑是最具特色的装饰材料之一。用金属线条勾勒细节后的护墙板，在原有的简约块面上增加了十足的细节质感。而为了将整体风格延续并完美呈现，在吊顶上同样可定制不同宽度的线条修饰边缘，让普通的材质也具有了轻奢的装饰效果。

4 地面波打线

用线条勾勒出吊顶的轮廓后，地面同样也不适合素面朝天。适当地运用地砖波打线，会让地面的装饰细节看起来更加丰富，同时也有划分区域的功能。本案地面采用了黑色波打线，与浅色地砖共同形成圈边的效果。

1 床头装置

在适当的场景悬挂一组艺术装置，比搭配装饰画更有格调。在这间卧室中，设计师选用了一个圆形不锈钢镜面墙饰装饰床头，不同的角度反射不同的光线与场景，颇具观赏与艺术效果。

2 玻璃背景

条纹玻璃与金色不锈钢框架镶嵌在一起作为床头柜的背景，不仅从视觉上扩大了床头区域的空间感，而且赋予空间轻奢时尚感。

3 床头柜

金属框架的床头柜中间为白色混油抽屉，边框与柜体中间预留一定的空隙，使柜体看起来虚实相交，颇为时尚。金属底座台灯的白色灯罩与床头柜形成了视觉的统一感。生活照片和塔形饰品的摆放丰富了画面细节。

4 针织地毯

蓝色祥云纹地毯的铺设，增加了卧室的舒适度，同时装饰效果也较为强烈。在家居中搭配这种平面地毯，便于清洁卫生，通常使用扫地机器人或吸尘器就可以解决清洁问题。

1 隐形门

边框极窄的隐形门与墙面的护墙板融为一体，整体效果极好。细节处理需要考虑好工艺缝隙的规划，以使其看起来更加自然，不突兀。离地部位采用了 2cm 宽的极窄踢脚线工艺，将简约设计进行到底。

2 装饰灯具

灯具在空间中不仅有照明功能，还有装饰功能。在现代家居空间中，主要的照明功能已经被辅助光源所替代，而主灯则更多是作为装饰品的角色出现。本案中金色吧台的吊灯和落地灯遥相呼应，将空间点缀得恰到好处。

3 石材中岛

在整体风格较为现代的室内，设计一个西厨中岛可以为空间创造更多不同的场景感，同时也多了一个多功能的休闲区。爵士白大理石纹路自然，辅以白色烤漆柜门，使整个吧台简洁时尚。

4 电视背景

本案空间内的电视背景采用了仿石材的瓷砖作为表面材质，两侧采用了不锈钢材质包边，并暗藏 T5 灯管作为辅助光源。电视部分做了内嵌处理，电视下方则安装了仿真的装饰壁炉，装饰效果极佳。

菁志达设计

① 多级吊顶

　　圆角长方形的灯池在轻奢风格中较为常见，其柔美的线条给人以舒适的视觉感受。本案吊顶在普通吊顶的基础上做了很多细节处理，如最上方为暗藏光源预留了位置，而下端则采用了不锈钢金属包边。并且在吊顶的底部单独勾勒了细线轮廓，使其层次更加丰富。

② 撞色地毯

　　橘色和灰色相间的地毯，表面由不同的几何花纹点缀，形成了活泼的风格特色，颇具波普艺术气息。地毯的应用使原本呆板单调的空间表情丰富了许多。

③ 硬包背景

　　床头背景墙运用了皮革硬包加茶色玻璃的组合设计，同时采用了玫瑰金拉丝不锈钢包边的工艺。在墙角转弯部分单独做了圆角处理，一方面与吊顶保持一致，另一方面使整体空间看起来圆润柔和。

④ 工作台区

　　工作台的设计以简洁为主，几何形的结构时尚干练。梳妆台的背景则采用了一幅落地拼接画来装饰，与波普风格的地毯遥相呼应。

> 千寻软装设计

1 艺术吊灯

本案空间通过设计师的创新布置，呈现出了非常个性化的艺术形态。餐厅吊灯造型设计和照明方式与众不同，首先内部光源是一个向下照明的线条灯，光线被金属制成的灯罩遮挡了一部分，同时其反光将灯罩内部照亮，使得灯具本身具有一定的装饰性。并且，光线还可以通过大小不一的预留孔照到餐桌上，起到了一定的照明作用，极富创意。

2 解构画作

在室内设计中，油画作品多用于复古空间。而本案作为比较现代的艺术空间，选用的画作则经过了设计师的二次创作。将原有画作的一半，用单色的油漆粉刷遮盖上，巧妙地将三幅画进行高低排列，丰富了空间的艺术表达。

3 餐桌家具

白色大理石的餐桌搭配桌上的金属支架底座，以及与其相应配套的扶手餐椅，将空间的轻奢品质体现得更加彻底。餐桌上的金色拉丝托盘，与空间中的五金色彩呼应，其细腻的质感与玻璃花瓶交织在一起，质感的变化丰富了空间的表情。暗红色的插花则为空间增添了一丝高贵的气息。

4 墙布硬包

墙布硬包在空间中的应用，营造出了雅致的格调。其亚光棉麻的质地，则给人带来一种质朴亲和的感受。淡淡的浅木色边框收口，辅以浅土色布艺硬包，将细节与质感结合得恰到好处。

1 石材背景

由具天然纹路的石材拼接而成的背景墙，散发着自然高贵的气息。精心设计的暗藏灯槽，丰富了石材的表现形式。整张拼接纹理的天然石材通常造价较为昂贵，如预算不够，也可用类似的瓷砖产品来替代。

2 镜面边柜

镜面电镀材质的柜门，通过其表面的椭圆形凸起造型，营造一种怪异、时尚的感觉，使空间呈现出另类的表情。黑白抽象艺术品的画框摆放在柜面上，突出了空间的概念主题。两侧的插花和水晶摆件，以标准的三角形构图形式呈现，使画面更加饱满。

3 条纹地毯

地毯的应用往往可以增加空间的舒适度，同时还可以通过划分区域带来专属感。局部条纹地毯的应用圈定了一个时尚舒适的休闲区域，黑色体块的沙发茶几与地毯条纹相互映衬，碰撞出冷酷的时尚气质。

4 棉麻窗帘

灰色棉麻质地的窗帘可以让空间色彩更加柔和地过渡，避免了纯粹黑白空间给人的生硬感。棉麻的质感则给人一种质朴舒适的视觉感受。

① 皮革硬包

皮革硬包在卧室床头背景中的应用较为常见，其主要特质是易于清洁以及寿命较长，不易老化和淘汰。在本案中，设计师通过横竖线条的划分，将床头部分与床头柜区域做了差异化处理，使空间趣味性增加的同时又不会显得凌乱。硬包缝隙则采用了玫瑰金不锈钢压制的线条进行镶嵌装饰。

② 定制家具

白色的新中式风格床头柜，与软包大靠背床相互映衬，营造出了非常雅致清新的东方格调。白色床头柜的抽屉上采用了简化的万字格作为纹饰装饰，配以小方块的精致拉手，彰显出设计师在细节上的极致追求。

③ 装饰线条

本案中硬包背景的收口以及踢脚线，全部采用了定制的成品白色木线作为装饰。需要注意的是，应在不同的区域选择不同线型的线条进行装饰。在定制木线时，可以选用较为环保的水性漆对表面进行处理，以增加室内空间的环境品质。

1 灰色镜面

在卧室装修中，通常建议尽量少用镜面来装饰空间，因为镜面材料的反射属性容易让人在夜晚产生幻觉。然而小面积不正对床头的镜面装饰，也能带来扩展空间的效果，可以让较小的房间呈现出较为丰富的空间层次。同时，灰色的镜面也有别于普通镜面，不易产生明显的反射投影。

2 床头吊灯

采用吊灯代替台灯的做法，可以有效地释放床头柜的空间，而且这样的设计形式也可以产生一种悬浮的视觉美感。本案选用了一款圆形的装饰灯，具有月圆人团圆的美好寓意。此外，也可以选用光线向下照的灯具，照亮床头柜区域即可，太亮的光源会对眼睛产生刺激，不适合起夜使用。

3 整木床头

整木定制在室内设计中的应用非常重要，其主要特点体现在室内全部木作可以统一颜色和纹理，同时也可根据需求来定制个性化的产品，为室内设计提供更大的灵活性。本案中的床头墙板，便是整体木作定制的一环，并且在床头墙板上方暗藏了光源，在具有实用效果的同时，还增加了卧室空间的灯光层次。

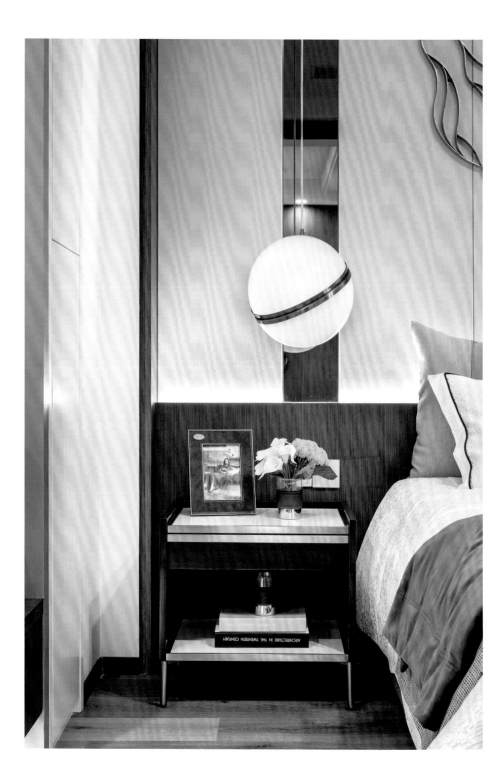

4 床头装饰

在床头柜上摆放主人照片，可为空间营造出生活气息，再搭配一把艳丽的花卉，让卧室环境倍感清新。具有轻奢气质的床头柜，与空间中其他细节交相呼应，进而形成了完整的空间设计格调。

1 造型吊顶

简单的吊顶通过增加细节，来诠释简约而不简单的设计精髓。圆角的二级吊顶，通过预留工艺缝内嵌定制金属条的手法，使其更加耐看。吊顶四周的区域采用双层石膏板叠加的工艺，做了一圈石膏板，避免吊顶中间过于空旷。水晶艺术吊灯成为空间的主角，与软装质感呼应起来，优雅动人。

2 沙发背景

沙发背景两侧采用了定制墙板的灰色作为底色，通过黑色的金属线条勾勒出轮廓，使整体装饰效果简洁大方。中间区域则是圆柱形的软包阵列背景，给人以舒适柔软且有秩序的美感。圆形的装饰镜面柔化了整体格调，并且与空间中随处可见的曲线遥相呼应，营造出精致极简的氛围。

3 电视背景

电视背景的两侧采用了灰色的护墙板来打底，中间部分以天然米色玉石作为主材质，其柔和的纹理与色彩质感，很好地与空间的雅致色调相协调。以玉石为材质的电视背景要做好基层处理，可以采用欧松板来打底，然后再将石材用结构胶和大理石胶粘贴。同时为了避免天然石材的瑕疵，可进行结晶处理让其更加完美。

4 家具搭配

在这个空间中，家具的搭配与色彩是非常雅致的。整体淡淡的象牙白色调，给人带来了非常舒适的视觉享受。客厅主座位选用了一款有拐角的多人位沙发，沙发两侧的扶手采用了S形风格一致的曲线，看上去非常流畅自然。而有旋转功能的单人位，不仅与多人位沙发风格一致并且不遮挡视线。宝蓝色的亚克力茶几晶莹剔透，仿佛一颗宝石般优雅璀璨，为空间平添了许多活力。

> 简玲玲设计

1 床头背景

整体定做的床头背景兼顾美观与实用的功能。白色的混油面板简洁大方，黑色的线条用来划分块面，增加整体细节。在中间部分设计了内凹造型，同时暗藏了灯带光源，方便夜晚使用。在靠近墙面的位置预留了非常实用的书架，并且做成柔和过渡的圆弧造型，增加了空间的趣味性。

3 床头吊灯

利用吊灯替代床头台灯的设计形式，已经逐步被很多设计师和业主接受。然而在灯具的选用上，同样要考虑与室内风格的匹配度，并且要满足基本的照明需求。比如有阅读需求时，灯光要适度加亮一些，而起夜时则要将灯光的光源范围控制一下，以避免夜晚眩光刺眼。在本案的灯饰搭配中，设计师选用了金属拉杆的玻璃罩吊灯，非常和谐地与空间共融。

2 定制家具

在卧室中，床和床头柜属于空间的主体家具，表达了整个卧室空间的风格特色。本案由于床头在靠近门口的位置，设计师特意选用了具有收拢效果的半包围翼背床头，可以给居住者一定的安全感。而床头柜则选用了与床头同色的木制简约款式。

4 软配细节

在软装环节，设计师做了精心搭配。床头靠枕从内到外依次采用了白色、灰色、亮银色，营造出丰富的层次感和细腻的质感对比。带有绒毛的床尾巾与单人沙发上的抱枕，为空间带来了些许高贵气质，同时其灰色也与整体色调相匹配，并不突兀。

1 烤漆背景

红色的烤漆背景在整个空间中十分亮眼，其采用了定制的红色烤漆墙板，利用类似蒙德里安格子的形式，巧妙地将工艺缝隙问题完美化解。有金属底座的球形壁灯，则为整个背景增加了细节与照明功能。

2 黑色顶线

2cm 宽的黑色顶线镶嵌在吊顶底部凹槽，整体精致细腻，同时又为客厅的吊顶勾勒出了明显的轮廓。在材质的选择上，可使用 PC 或者 PS 材质的木塑线条，也可以选用黑色的亚光金属线条，以便有效避免因材质的不稳定性，而导致后期变形、开裂等问题。

3 端景装饰

在过道角落采用端景边柜进行装饰是不错的选择，而且相对来说，成品家具要比定制类型的柜子节省费用，并且可选的款式也丰富多样。白色的边柜与整体简约的风格相匹配，黑色的把手和底座做了局部点缀。在墙上搭配一幅黑色边框的叶子装饰画，让空间更显灵动，并且增加了空间的主题性。

> 施少芬设计

1 金属床头柜

金色不锈钢材质框架的床头柜线条硬朗，流露着现代材质的时尚与高端气息。白色皮革包覆的抽屉与底板镶嵌其中，增加了床头柜的体量感，同时具有现代风格的漂浮感。金属支架的床头台灯，仿佛一座当代建筑一般矗立其上，使卧室空间的视觉效果得到了升华。

2 磨砂镜面

印有磨砂瀑布纹理的镜面装饰于床头左右两侧，在有效免反光残影的同时，还保留了增加视觉层次感的功能，让空间看起来更具时尚与朦胧的美感。

3 软包背景

波浪纹软包装饰与床头背景结合，增加了床头的奢华质感。其金色的波浪曲线，在灯光的映照下熠熠生辉，充满了视觉冲击。而蓝色的软包床头，则有效地压制了奢华背景带来的刺激感，并且为室内空间增添了几分靓丽的色彩。

> 零次方设计

1 床头背景

灰蓝色的木质墙板通过黑色线条来增加轮廓感，同时中间采用了灰色的柱形软包，使卧室看起来非常的柔软舒适。圆形的染色布艺壁挂装饰，仿佛涟漪一般将空间的灵魂升华，并给人带来了无限遐想。

2 墙面软包

将米灰色调的软包用于卧室墙面，使其与主背景产生了冷暖色调的对比。在细节的处理上，工艺缝用金属线条镶嵌，踢脚线采用 4cm 的极致宽度，使空间看起来细节感十足。

3 定制家具

在这间卧室中，衣帽间与卧室中间使用了定制的金属框架玻璃衣柜来作为隔断，使两个空间若即若离。在不锈钢金属边框的细节上，采用了很多圆角的处理手法，与硬装吊顶遥相呼应。定制柜体中的暗藏光源，既方便了使用又营造了空间氛围。

一尘舍设计

① 沙发背景

整体墙面采用了石膏板找平的处理方式，并设计出规律的 U 形槽作为装饰，并在其中镶嵌金属装饰条美化细节。在沙发外侧，则利用石膏板墙体的厚度差做了内凹处理，边角用拉丝铜板装饰，并定制了相同材质边框的壁灯嵌于其中，既增加了照明作用，又兼顾装饰效果及美感；另一侧则用铜板折叠形式的艺术装置装饰了较为空白的墙面，与整体形成呼应关系和构图平衡。

② 电视背景

本案的电视背景利用原有的承重剪力墙作为背景的主要支柱，同时在悬空的另一侧增加受力方柱，使电视墙的受力结构更加稳定。承重墙部分，通过木纹墙板的装饰彰显出沉稳之感，而悬空的设计给人以当代建筑的简约之美。

③ 吊顶与灯光

本案利用 COB 射灯将墙面照亮，并能充分体现其材质质感。大厅中间的水晶灯为吊顶装饰的主角，开灯后，将空间氛围渲染得奢华至极。二级顶的边缘采用了玫瑰金金属条进行包边处理，同时选用了 3000K 色温的暖色灯光，为房间增加了温暖的感觉。

④ 沙发背景

简约的直线条沙发与整个空间格调相协调，沙发靠背较低，因此多摆放了一些靠枕来增加舒适性。圆形的地毯和茶几的选用非常巧妙，将原本呆板的空间变得灵动柔和起来。单人沙发和坐榻的摆放，烘托了家庭生活和谐的主题。

1 柜体细节

　　本案中的定制衣柜采用了有实木质感的柜门，其表面进行了亚光处理。如果用实木柜门，可以选择木蜡油的处理方式。柜体内的装饰层板和壁龛为定制的拉丝铜板，细节处理和质感表现都十分出色。柜门没有安装把手来破坏美感，而是采用按压式开启方式，格外美观。

2 床头背景

　　本案中床头背景选用了具有棉麻质感的墙布来做硬包处理，同时选用了精致的铜条收边来处理细节。床头背景在延续整体装饰风格的同时，也体现了设计师的匠心。床头的插座和开关，选用了带有 USB 插口的一体式插排，方便日后的使用。

3 装饰陈设

　　本案在软装装饰方面以简约为主，床头台灯选用的是黑色半圆灯罩以及亮银色支架的设计。黑色的出现成了本空间的装饰点缀，枕头和书本对其都有呼应。枕头、靠包的选用则是在原有风格的基础上，增加了彩色几何形图案，化解了空间略显单调的感觉。

1 皮雕背景

黑色的皮革艺术背景，采用奥松板雕刻出几何浮雕造型，然后再将皮革包覆其上。而这些一般都由厂家来完成，然后在现场安装即可。由于定制类产品都有高度的限制，因此，设计师降低了吊顶高度，使木门和垭口与背景都处于同一高度，这样显得协调美观。

2 暗藏灯光

本案在吊顶周边预留了极窄的灯槽，然后将线条灯安装于其中，光线均匀。而客厅靠墙一侧顶面的射灯，则采用了磁吸轨道灯的组合形式，更加灵活地实现了重点照明。磁吸灯轨道需要提前暗藏于吊顶内部，而光源部分则可以根据实际需求变更调整。

3 无边框门

无边框的隐形门给人以极简的线条感，并且与空间气质相符。而要达到这样的效果，则需要门与墙面为相同的颜色和材质才行。同时，隐形门需要配备专用的五金合页才可以自动闭合。黑色的圆形分体锁简约精致。

4 落地壁画

黑白配色的落地壁画，采用了极窄的黑色边框，画面内容选用了黑白色液体动态摄影图案，这样的搭配使原本静止的空间多了一分活跃的氛围。黑白颜色的画面，同样可以为空间增添别具一格的艺术气质。

1 软包背景

软包背景的灰蓝色属于优雅静谧的色彩，中间部分构图采用均分的三段式，显得美观大方。接缝处内嵌黑色亚光金属条，在一定程度上美化了细节。米色的墙布边框将中间与两侧区域区分开来，框出了视觉中心区域。在细节上，软包背景不可以直接落地，需要金属线条圈边，以便于以后清理卫生以及延长使用寿命。

2 轻奢端景

端景柜大方得体，其优雅的线条将所有棱角抹去，使整个柜体看起来好像通过精心打磨般让人爱不释手。中间对称的柜门通过直角圆滑处理，仿佛精心剪裁的礼服般端庄得体。磨砂金色的把手低调内敛，柜子腿部则采用了常见的圆锥款式，通过金属圆杆交叉连接丰富了细节内涵。

3 软包背景

玄关正中的亚克力装饰画，由几何图案构成，通过蓝色和米色渐变过渡，形成了抽象山脉的艺术效果。在端景柜两侧采用品字形的构图方式，将装饰品均匀地摆在两边，让画面形成了对称的美感。左侧利用书籍将水泥色的花器进行垫高处理，一束米色的绢花打破了画面格局，使空间瞬间灵动起来。右侧有意地将局部秩序化，利用直纹的亚克力板作为背板，然后在前方搭配几何形的装饰摆件，彰显出秩序的美感。

1 **石材背景**

　　餐厅背景采用雅士白大理石纵向开方槽的形式，打破了常规石材背景所呈现出的效果。同时，石材原本的纹路还保持了连贯性，是人工与天然的有机结合。在背景两侧用金属包套的形式进行了对接收口，让背景看起来衔接自然。

2 **家具吊灯**

　　简洁的黑色餐桌没有任何多余的修饰，餐椅的选择则考虑了观赏者的观看角度。双色拼接的皮布结合靠背款式，使餐椅看起来不那么臃肿，同时也不影响餐椅的舒适性。拉丝铜质感的烛台吊灯挂在餐厅中间，减轻了高挑空间的空阔感，同时起到了很好的装饰作用。

3 **装饰陈设**

　　高低错落的琉璃山体摆件晶莹剔透，搭配具有东方气质的花枝和器皿，形成了错落有致的画面。餐厅背景前的干枝烛台，同样是对空间饱满度的补充，使整个画面由左到右呈阶梯状展现出来。空间中的空白部分则是绘画中常用的留白手法，看似简单却意境深远。

> 林悦设计

① 楼梯景观

楼梯采用无框玻璃作为扶手，体现了极简的设计语言。楼梯间整体采用了咖啡色硬包装饰，由上而下作为整体背景。楼梯间下方放置了一尊时尚模特雕塑，为楼梯间增加了摩登气质，同时通过地面射灯为雕塑提供背光效果，突出了设计主题。楼梯间地面整体抬高一级台阶，凸显楼梯间区域较为戏剧化的舞台效果。

② 造型吊顶

由于空间加装了中央空调，吊顶较为厚重。空调的出风口采用了定制通长造型百叶，很好地诠释了造型一体化的设计。吊顶一共分为上下两部分：下部暗藏了线条灯光源，同时在吊顶的细节上预留了方形凹槽，使顶面设计更为美观；吊顶上部通过一圈石膏板线的设计形式，丰富了吊顶中心轮廓。

③ 餐桌吊灯

餐桌和吊灯无疑是空间的主角，同时也决定了整个餐厅空间的调性。两端半圆的长形石材餐桌，配以圆形曲面拉丝铜底座，精致感十足。颇有马卡龙风格气质的极简家具，搭配半圆造型的亚克力餐椅，营造出了时尚的漂浮感。铜拉丝质感的利用钢丝悬吊的圆柱组合吊灯与餐桌形成了呼应。

> 天鼓装饰设计

① 镀金餐桌椅

金色梳背椅的选用，使空间更为精致细腻，同时呈现出一种既现代又复古的美感。白色的石材餐桌底座，同样采用了与餐椅格调匹配的金属镶嵌工艺，精美奢华。桌面上摆放的餐具以明黄色作为点缀，配以金色餐具。高高的花枝、淡淡的绿色、暗绿色的餐椅坐垫，为空间增添了几分活力。

② 长杆吊灯

餐厅的主光源选择了金色拉杆支架射灯，搭配向下的白色灯罩，充足的光照使就餐环境温馨明亮。餐厅吊灯的高度可以根据层高和现场视线效果进行适当调节。

③ 灰色镜面

餐厅背景部分采用了灰色镜面作为装饰，增加了空间的层次感与视觉效果，而且还兼具穿衣镜的功能，对于小空间来说非常实用。相对于普通白镜面，灰色镜面不会显得非常耀眼，而且给人以高级感。使用镜面材料时，在实际操作过程中要注意镜子的尺寸和高度，以及是否能顺利上楼等因素。

④ 雅士白吧台

大理石吧台分隔了厨房与餐厅，具有隔断空间的功能。在本案中，吧台的配色以白色为主，市面上常见的爵士白大理石会有一定的瑕疵，而雅士白石材瑕疵相对较少，容易控制品质。

● 背景色【墙面、地面】
　灰白色、咖啡色

●● 主体色【家具、地毯】
　灰白色、中灰色、黑色

●● 点缀色【家具细节、抱枕】
　普鲁士蓝、金色

1. 爵士白石材结合木饰面的墙面，让空间背景色在干净经典的基调上多了温暖感。

2. 家具的颜色延续空间的背景色，主沙发色调与墙面、地面一致，在地面与主沙发颜色一致的情况下，运用灰色调的地毯将两者分开。

3. 单人沙发椅背的色调与墙面的木饰面呼应。

4. 高级低调的普鲁士蓝增加了空间的色彩开放度，沉稳不张扬，提升了空间的品质感。

1. 配色柔和的空间，背景色是统一的米灰色系。

2. 蒂芙尼蓝点缀在空间中，相对比较集中，提升了空间的精致度和高级感。

背景色【墙面、地面】
米白色、浅咖色、深咖色

主体色【家具、窗帘】
白色、灰色

点缀色【床品、装饰画】
蒂芙尼蓝

1. 灰色调为空间营造高级感。

2. 白色床屏将床与浅灰色的墙面区分开。

3. 弱色彩的空间，所有颜色的运用看似相同，实则有细微的变化。这个空间中的灰色调就是用浅灰、中灰和银灰色组成的。

4. 图形和纹理也是弱色彩空间中的层次表现点，背景墙面的写意图案、床上用品、窗帘和抱枕的图案纹样都给空间带来高级的质感，简洁而不寡淡。

5. 绿灰色为空间带来生机，而且和灰色调的组合有着山高水长般悠远的意境。

背景色【墙面、地面】
浅灰色、中灰色、原木色

主体色【家具】
白色、银灰色

点缀色【床品】
绿灰色

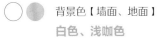

● ○　背景色【墙面、地面】
白色、浅咖色

● ●　主体色【家具】
爱马仕橙、黑色

●　点缀色【家具细节、灯具】
金色

1. 墙面墙布的浅咖色、家具的爱马仕橙、灯具的金色，都属于同一色系。

2. 在背景色明亮的空间中，运用同一色系的不同材质表达，体现出时尚感和文化感。

● ●　背景色【墙面、地面、窗帘】
米白色、深咖色、深灰色

● ● ● ●　主体色【家具、地毯、窗帘】
深褐色、旧金色、浅褐色、蓝灰色

● ●　点缀色【装饰摆件】
宝蓝色、森林绿

1. 这是一个整体用色偏暗的书房空间，好在窗户比较大，所以深色没有对室内的光线造成太大的影响。

2. 深咖色的书柜，考究有质感，适合用在书房空间。窗帘与书柜同色，使背景色的整体感更强。

3. 书桌桌面的颜色与书柜接近，金色的桌腿在很大程度上增加了空间的轻奢感。

1. 背景色十分素净，吊顶处的黑色线条突出了空间的现代感。

2. 主体家具也选用了无彩色系，灰色调是现代都市感的体现。

3. 橙红色调的床上搭毯、抱枕和窗帘，为空间带来勃勃生机。

4. 墙面装饰画中的墨绿色与空间中的橙红色形成对比。

○ 背景色【墙面】
白色

● 点缀色【装饰画】
墨绿色

●●● 主体色【家具、床品】
灰色、砖红色、橙色

1. 黑白灰的背景色纯粹、分明。

2. 蓝色系的运用，加强了空间的装饰艺术感。同时，饱和度高的孔雀蓝与家具的黑白几何图案，都给视觉带来冲击力。

3. 背景简洁，墙面上没有过多颜色、图案、线条的装饰，富有冲击感的图形和色彩是提升空间时尚感的有效方式。运用时，注意图形和色彩所传递出来的氛围，应和整体气质统一和谐。

○● 背景色【墙面、地面】
白色、暖灰色

●● 点缀色【床品】
孔雀蓝、杏色

●●● 主体色【家具、地毯、窗帘】
浅暖灰、黑色、蓝灰色

1. 背景色和主体家具的颜色，都是灰调的浅色系，通过大理石、皮革等材质的搭配，营造出低调的高级感。

2. 从严格意义上来说，桌腿的深棕色不算是空间的点缀色，而是空间内黑、白、灰平衡用色的一个点，是在黑、白、灰三者的关系上做一个平衡。

3. 普鲁士蓝被小面积运用在空间中，通过点缀这个经典的颜色，让这个现代轻奢的空间更有质感。

4. 绿植通常是空间中不可或缺的点缀，所以绿植的色彩一般不作为点缀色来总结。

> 香榭蒂设计

背景色【墙面、地面】
灰白色、浅咖色

主体色【家具】
灰白色、奶茶色

点缀色【家具细节、装饰画】
金色、深棕色、普鲁士蓝

> 印象空间设计

1. 清新怡人的餐厅空间，整体色彩以明亮的色调为主。

2. 墙面的米色和地板的原木色都属于黄色系，背景色为空间带来柔和的温暖感。

3. 主体家具的颜色是冷色调，清爽的水蓝色、桌面大理石的灰白色，和空间中的背景色一样，都是马卡龙色系的低饱和度色彩。冷暖色系的组合丰富了空间的色彩层次，高明度、低饱和度的色彩增加了就餐区域的舒适感。

4. 餐桌上的花和墙面的花，都是具有自然感的元素，而且能将背景色和主体色的饱和度增加。小面积运用点缀色，通常能为空间带来点睛的视觉效果。

背景色【墙面、地面】
米色、原木色

主体色【家具】
灰白色、水蓝色

点缀色【家具细节、装饰摆件】
金色、柠檬黄、宝石蓝

1. 墙面和地板的用色统一，为整个空间的色彩搭配提供了一个自然的底色。

2. 地毯和窗帘的面积比较大，在空间中作为主体色表达，与空间背景色是对比色的关系，空间的大面积用色都带有灰色调，同时有开放度。

3. 主体沙发的面料颜色，也选用带有一点灰的灰白色。

4. 主沙发和抱枕与墙面的画呼应。

5. 金属不锈钢质感的茶几，材质和颜色都与墙面的线条呼应，与地面的色彩也有呼应。

> 千蜀软装设计

背景色【墙面、地面】
浅咖色、原木色、浅褐色

点缀色【抱枕】
橙色

主体色【家具、地毯、窗帘】
灰白色、蓝灰色、金色

> 香榭蒂设计

● ● 背景色【墙面】　　　　● 主体色【家具】
浅咖色、咖啡色　　　　　灰白色、咖啡色

● ● ● 点缀色【家具细节、装饰摆件】
金色、孔雀蓝、草绿色

● ● 背景色【墙面】　　　　● 主体色【家具】
浅灰色　　　　　　　　　浅褐色、米白色

● ● 点缀色【床品】
紫灰色、紫红色

1. 空间整体色调柔和统一。

2. 墙面、地面、餐椅都是咖色系，在暖色系的色彩基调里，用灰白色的餐桌和墙面的装饰画，为空间常来通透感，灰白色与浅咖色的搭配给人以都市的高级感。

3. 墙面上和餐桌侧面的金属线条、精挑细选的餐具用色，都是点睛之笔。轻奢的质感让空间的用色层次更加丰富。

4. 绿植带来的自然气息能增加空间的灵动感。

1. 背景色和主体色用色和谐，空间用色柔和、淡雅，统一在高明度、低饱和度的褐色色系中。

2. 褐色属于红色系，选择紫红色床毯，与空间主体色属同一色系，控制紫红色的面积比例，为原本用色柔和的空间增添了女人味。

3. 紫灰色的抱枕带有冷感，让空间有了色彩的冷暖弱对比，丰富了视觉层次。

> 香榭蒂设计

1. 背景色为浅灰色调，地面的原木色在墙面上也有延展呼应。

2. 主体家具为米白色，皮革材质的床、烤漆床头柜和衣柜门，通过材质带来轻奢的质感。

3. 一抹钴蓝色提亮了空间，同时它和原木色是对比色，两者搭配增加了空间的色彩开放度。墙面上装饰画的主色也与床毯很搭。

4. 地毯的黑白条纹图案与空间中立面的线条呼应，同时控制了地毯露在外面的面积，以免喧宾夺主。

5. 在这个现代风格的空间中，利落的线条是时尚感的表达，倘若能将墙面的线条与侧边衣柜的线条对齐，则效果会更佳。

背景色【墙面、地面】
浅灰色、原木色

主体色【家具】
米白色

点缀色【床毯、装饰画】
钴蓝色、蓝灰色

1. 空间中浅褐色的运用非常有节奏感。从背景色到主体色的用色方式是：墙面深，床浅，床品深，地毯浅，地板深。空间用色层次分明，富有章法。

2. 在这样的配色基础上，哪怕不用点缀色橙灰色，空间也有足够的美感。

3. 咖啡色的窗帘比墙面、地面和床的颜色深，并与台灯的黑色灯罩相呼应，平衡了空间中的浅色。

4. 床尾凳的皮革材质有着轻奢的质感，橙灰色小面积运用，提升了空间的气质。

> 集美设计

● ● 背景色【墙面、地面】
浅褐色、原木色

● 点缀色【家具】
橙灰色

● ● ● 主体色【家具、床品、地毯、窗帘】
浅灰色、浅褐色、咖啡色

1. 金褐色床屏与左右对称的金色台灯形成呼应，既体现了空间的轻奢主题，又达到一种视觉上的舒适平衡。

2. 在紫色中加入灰色和些许白色，就能得到变化无穷的紫灰色。床毯的紫灰色与空间的大面积颜色属于同一色系，冷静不鲜艳，搭配绒布特有的柔软质地，给卧室带来一种宁静与舒缓的温柔感。

3. 高级灰和紫色的搭配，是最为契合女性心理的色彩组合，床头大靠枕选用烟紫色，增加了暖色的比例，让颜色层次更加丰富的同时，使得空间更趋于中性的平衡，更具包容性。

> 大仓设计

● ● 背景色【墙面】
暖灰色、深褐色

● ● ● 点缀色【装饰摆件】
金色、橙色、烟紫色

● ● ● 主体色【家具、床品、窗帘】
金褐色、赭石色、紫灰色

1. 灰色调的空间里，在配色时需要注意黑、白、灰的关系，要让空间的整体配色平衡。

2. 背景色与主体色有细微的差别，黑色起到稳定平衡的作用。

3. 孔雀蓝点缀在空间中，增加了华丽感。

背景色【墙面、地面】
米灰色、深褐色

点缀色【抱枕、床毯、台灯】
孔雀蓝、金色

主体色【家具、床品】
浅灰色、中灰色、黑色

1. 暖灰色调的空间中加入了一组对比色，让空间在稳重中有活泼的氛围。

2. 床毯、地毯和床屏上的壁挂装饰都是蓝色系，床毯面积最大，色彩的饱和度最低；地毯上的蓝色是线状的形式，运用普蓝和灰蓝，强调稳重感和时尚感；床屏上的蓝色饱和度最高，以点的形式小面积点缀，不但没有突兀感，反而有一种有趣的装饰艺术感。

3. 空间中的蓝色以点、线、面的形式表达，与整体空间的氛围融合统一，制造了丰富的色彩感。

背景色【墙面、地面】
米白色、浅褐色

主体色【家具、窗帘、地毯】
浅褐色、浅灰色

点缀色【床品、装饰细节】
蓝灰色、宝蓝色、普蓝色、橙色

> TRD中

> 集美设计

 背景色【墙面、地面】
奶茶色、原木色

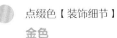 点缀色【装饰细节】
金色

 主体色【家具、床品】
咖啡色、米白色、浅灰色

 背景色【墙面、地面】
暖灰色、原木色

 点缀色【抱枕、窗帘】
橙色

 主体色【家具、床品、窗帘】
藕褐色、灰粉色、咖啡色

1. 原木色的背景具有自然的感觉，墙面的花卉纹样皮雕，让空间在自然感中散发奢华的味道。

2. 咖啡色是有复古感的色彩，和亚光丝质的浅灰色床品搭配，同样也有低调华贵的气质。

3. 相比在暖色系空间中搭配饱和度高的橙色或灰色，运用咖啡色能让空间显得更加稳重考究。

1. 整个空间色调统一，在橙色系里，通过色彩不同的明度和饱和度，打造空间的层次和质感。

2. 用色稳定平衡，主体家具颜色浅，背景墙面颜色深，床毯的颜色与床头柜颜色呼应，灰色系窗帘与背景色几乎一致。

3. 搭配橙色作为点缀色，让用色本就精致的空间，焕发出阳光般的活力。

1. 暖灰色调的空间，用色高级、雅致。背景色和主体色的搭配稳定、平衡。

2. 橙灰色增加了空间的温暖感。

3. 床毯的灰色在空间中属于偏冷的颜色，但因为材质的关系，仍然能给人温暖舒适的感觉。

● ● 背景色【墙面、地毯】
米灰色、浅褐色

● ● 主体色【家具、床品、窗帘】
米黄色、浅褐色

● ● 点缀色【抱枕、床毯】
橙灰色、中灰色

1. 背景色中，两边墙面颜色很深，中间墙面颜色浅，所以不会有特别压抑的感觉。

2. 主体家具的色彩与背景色一致，同时，增加了浅色的面积，减少了深色的面积。由于浅色在前，因此整体空间感觉还是明亮的。

3. 地毯、抱枕、装饰摆件运用宝蓝色和金色，其色彩和材质都为空间带来更多奢华感。

背景色【墙面、地面、地毯】
深褐色、咖啡色、蓝灰色

主体色【家具】
米白色、褐色

点缀色【地毯、抱枕、装饰摆件】
宝蓝色、金色

1. 背景墙面和家具的颜色基本一致，但有细微的冷暖变化。

2. 窗帘的用色与单人沙发一致。

3. 森林绿颜色深、饱和度最高，贵妃榻、抱枕和装饰画都是森林绿色，在空间中相互呼应，由于面积不大，因此没有影响空间的明亮感。

4. 森林绿和金色的搭配有复古感，是轻奢风格中好看的色彩搭配。

> 龙徽设计

背景色【墙面、地毯】
浅灰色、杏仁色、灰色

主体色【家具、窗帘】
米白色、浅褐色、森林绿

点缀色【家具、抱枕】
金色

> 观致装饰设计

1. 配色温暖的卧室空间中的用色都是在橙色系中做变化，这是最不容易出错的配色方式。

2. 背景色和主体色注重用色的稳定和平衡。

3. 饱和度最高的橙色只需小面积点缀，就能让空间中的温暖感更强。

背景色【墙面、地面】
米白色、奶茶色、原木色

点缀色【床毯、抱枕、窗帘】
橙色

主体色【家具、床品、地毯、窗帘】
米灰色、米白色、灰色

冷元宝设计

1. 配色温柔清浅的卧室空间，让人放松，适宜入眠。

2. 空间整体色彩都是明亮的，背景色是杏仁白，床上用品是米白色，床屏和装饰抱枕是带有灰色调的色彩，在墙面和床毯之间形成过渡，让空间用色更有层次。

3. 将小面积蓝灰色运用在暖色系的空间，让色彩有对比，能够提升空间的美感。

背景色【墙面】
杏仁白、米白色

点缀色【抱枕、装饰摆件】
蓝灰色、金色

主体色【家具、床品、窗帘】
米灰色、米白色、灰色

1. 背景色是灰色调的空间中，局部的原木色增加了温暖感。

2. 因为地毯所占的面积大，所以将地毯作为背景色来解析空间。地毯的普鲁士蓝和空间中的背景色结合，高级感十足。

3. 主沙发和墙面的颜色一致，单人沙发椅背和地毯的颜色一致。主体家具的用色有章法。

4. 小件家具和局部的明黄色，以及墙面的木质和家具的金属细节的颜色都属于同色系，将其点缀在空间中，能让空间更具有活力。

> 品悦公装

背景色【墙面、地面、地毯】
浅灰色、中灰色、普鲁士蓝

主体色【家具】
米白色、钴蓝

点缀色【家具、家具细节、抱枕】
明黄色、金色

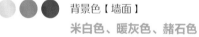

背景色【墙面】
米白色、暖灰色、赭石色

主体色【家具】
灰白色、淡粉色、淡蓝色

点缀色【装饰摆件】
宝蓝色、金色、蓝绿色

1. 这是个看起来配色非常热闹的餐厅空间，从提取的色条中可以看到，背景色、主体色和点缀色都至少有三个颜色在做搭配。

2. 拆解空间，可以简单地将空间中的颜色提炼为三组红、黄、蓝。通过不同明度和饱和度的运用，将色彩分布在空间中。

3. 空间中的色彩虽然很多，但并没给人造成视觉上的混乱和疲劳感。

背景色【墙面、地面】
暖灰色、灰咖色

点缀色【装饰画】
蓝色

主体色【家具、床品】
浅灰色、白色、紫灰色

1. 暖灰色的背景色和床上用品的色彩，都是偏暖的灰色调。

2. 在墙面和床上用品之间，冷灰色调床屏的金属线条细节，结合灰色的布艺，给人都市的现代质感。

3. 在这些弱对比的色彩关系中，床品的紫灰色起到了平衡和装饰的作用。

4. 墙面上装饰画的颜色和几何图案都是典型的都市风。造型个性的吊灯和床头柜上的花器，都是轻奢质感的细节表达。

> 聚舍联合

1. 背景色的浅灰色与主体家具沙发的颜色看似基本一致，实则有细微的冷暖差别，这是具有高级感的设计表达。

2. 吊灯、墙面的装饰画、茶几的深色部分，平衡了空间中的浅灰色。

4. 钴蓝色让空间的现代都市感更强。

5. 地毯上的一抹紫灰色，面积和色彩都运用得刚好，适宜地增加了空间温暖感。

背景色【墙面】
浅灰色

点缀色【装饰细节】
钴蓝、金色

主体色【家具、地毯、抱枕】
米白色、灰色、黑色、紫灰色

> 宜兰设计

1. 空间中背景色的色调统一，用色具有稳定感，上轻下重。

2. 主体家具的绿灰色与背景色明度和饱和度一致，搭配在一起所形成的视觉感非常舒服。

3. 床品的留白部分以及地毯上的浅灰色，让空间更加透气、轻松。

4. 即使没有水蓝色花瓶的小面积点缀，空间中的配色也是完整的。玻璃材质的水蓝色花瓶，和绿灰色床搭配留白的床上用品一样，给空间以自然透气的美感。

背景色【墙面、地面】
米黄色、浅褐色、深褐色

主体色【家具、地毯、床品】
绿灰色、浅灰色

点缀色【装饰摆件】
水蓝色、金色

1. 青春愉悦的空间氛围。

2. 钴蓝在暖色系的背景中显得恰当、醒目。

3. 地毯的颜色中和了空间中的暖色和冷色，几何图案具有时尚都市感。

4. 金色是轻奢空间中常用到的色彩点缀，能够提升空间的质感。

背景色【墙面、地面】
杏仁色、咖啡色

主体色【家具、地毯、窗帘】
米白色、浅褐色、蓝灰色

点缀色【床品、装饰摆件、地毯】
钴蓝、金色、浅黄色

1. 这是一个优雅的轻奢空间。

2. 背景色和主体色统一为灰色系。

3. 通过材质的变化体现空间的轻奢感。

4. 金色是轻奢风格中不可或缺的色彩表达。

5. 注重饰品的选择，整个空间陈设的完整性很高。

背景色【墙面】
暖灰色

主体色【家具】
灰白色、浅灰色

点缀色【装饰摆件】
金色、紫灰色

> 集艾设计

1. 这是一个摩登范儿十足
的空间，以冷色系为主。

2. 家具和背景墙面的颜色
都是蓝色系。金色的灯具和家
具细节，与餐椅的蓝色碰撞出
时尚感。

3. 墙面的画、装饰摆件是
空间中有趣的艺术装饰细节。

背景色【墙面、地面】
冷灰色、米黄色

主体色【家具】
蓝色、黑色、灰色

点缀色【装饰摆件】
金色、橙红

1. 暖色系的背景色、墙面的黑色边线与地面的线条相呼应，增加了仪式感。

2. 餐椅的颜色和地面一致，具有稳定感。

3. 酒柜的颜色和墙面属同色系。

4. 装饰画、吊灯、餐桌上的水果，是空间中明快的色彩。它们在空间中起平衡、点缀的作用。

背景色【墙面、地面】
米色、褐灰色

点缀色【装饰摆件】
蓝色、金色

主体色【家具】
褐灰色、褐色、黑色

1. 此为有复古味道的轻奢空间。

2. 背景色对比强烈，灰色高级却过于沉闷，以白色的线条穿插在灰色中间，让空间的格调有高级感。

3. 橙色系的家具必须注意控制色彩饱和度，使色彩统一中富有层次变化。橙色与灰色搭配是轻奢风格的经典配色。

4. 点缀色延续橙黄色系，增加了色彩饱和度，虽用色面积小，但活泼明快，是空间中有生活气息的体现。

背景色【墙面、地面】
深灰色、米白色

点缀色【抱枕、装饰摆件】
橙红色、金色、苹果绿

主体色【家具、地毯、窗帘】
奶茶色、橙灰色、米白色

> 布鲁盟设计

> 布鲁盟设计

背景色【墙面、地面】
浅褐色、孔雀蓝

主体色【家具】
米白色、深灰色

点缀色【装饰摆件】
金色、玫瑰粉

1.空间中的暖色调是偏灰的褐色，从墙面、地面到家具、窗帘，基本都是在暖灰色调里做搭配。在此色彩基调上，墙面部分的孔雀蓝搭配进来，让空间有了复古和考究的感觉。

2. 色彩的开放度决定了空间的表现张力，通常在一个用色平稳的空间中，增加一抹饱和度高的对比色，能让人眼前一亮。

3. 本案中的暖色有深浅、明暗和冷暖的变化，同时还注重了色彩的平衡。

背景色【墙面、地毯】
咖啡色、深褐色、浅褐色

主体色【家具、窗帘、床品】
米白色、深咖色

点缀色【抱枕、地毯、装饰摆件】
橙红色、蓝灰色、金色

1.空间整体用色一致，都是在橙色系的色相里变化。

2. 背景色深，主体色浅，拉开层次。

3. 深色的床毯与墙面色彩有呼应，让空间有稳定感。

4. 在空间的点缀色中，橙红色最显眼，打破了空间的沉闷感。地毯上的蓝灰色，虽然颜色偏灰，但起到了丰富色彩层次的作用。

1. 用色优雅、时尚，背景色和主体色都是具有高级感的颜色，通过皮革、金属、丝、绒布等材料将高级感演绎得更加分明。

2. 爱马仕橙是非常适合轻奢风格的色彩，本案中的橙色运用面积不大，在空间中作为点缀色，比例刚好。

3. 水晶材质的吊灯，以及床头柜上的台灯、花器精致且低调奢华。

背景色【墙面、地毯】
浅褐色、奶茶色

点缀色【抱枕、床毯、装饰摆件】
橙色、金色

主体色【家具、窗帘、床品】
奶茶色、米白色

1. 整体空间用色温暖，背景色的咖啡色偏浓郁，在这样的色彩基调下，需要深色家具与墙面的深色呼应，才能使空间用色平衡。

2. 电视柜和边柜的选择恰当，金色的细节与空间中吊顶处的金色有呼应，金色提升空间的品质感。

背景色【墙面、地面】
浅褐色、咖啡色

点缀色【细节】
金色

主体色【家具、床品】
浅褐色、米灰色、黑色

1. 水蓝色在空间中的大面积使用，让人感觉清爽，同时也容易因为色彩的高饱和度和明度，造成视觉的疲劳。

2. 在墙面和地面都采用灰色调或者深色，来让空间具有稳定感。这类配色适合用在要求视觉冲击力比较强烈的工装样板间项目。

3. 如果把这个空间作为私人住宅卧室，拿走床头的画，减少床上用品里水蓝色的面积，将金色花器、台灯、相框换成更雅致的材质，将更有助于睡眠。

> 方磊设计

背景色【墙面、地面】
中灰色、咖啡色

点缀色【装饰摆件】
金色、深蓝色

主体色【家具、窗帘、床品】
浅灰色、水蓝色

1. 这是现代风格的卧室，背景色是很浅的灰色和咖色。单从背景色来看，色彩的暖感并不强，但因为墙面有灯光的烘托，也会让人感觉温暖。

2. 主体家具的颜色延续背景色，床上用品和窗帘选用灰色调，都市感十足。

3. 橙灰色抱枕和空间里的灯光作用一样，饱和度不高，运用在空间中，温暖且和谐。

背景色【墙面】
浅灰色、浅咖色

点缀色【抱枕】
橙灰色

主体色【家具、窗帘、床品】
浅灰色、中灰色

1. 淡蓝色和浅褐色搭配的背景色，柔和、唯美。

2. 大理石餐桌的色彩和地面一致。在此案例中，金色的运用面积相对比较大，可以作为主体色来理解。餐桌的金色腿部极具现代感。

3. 蓝色餐椅和淡蓝色墙面为同色相，餐椅绒布面料的质感和金色金属框架搭配有摩登时尚感。

4. 墙面的装饰画是具有当代摩登感的画面，线条、几何图案、色块的组合与餐桌椅表达的气质一致。

> 品悦公寓

背景色【墙面、地面】
淡蓝色、浅褐色

点缀色【装饰摆件】
橙色

主体色【家具】
灰白色、蓝色、金色

● ● 背景色【墙面、地面、地毯】
天蓝色、原木色

● ● 点缀色【地毯、装饰细节】
橙黄色、金色

● ● ● 主体色【家具、床品、窗帘】
米白色、浅蓝色、蓝灰色

1. 这是非常有海洋感的卧室空间。天蓝色的墙面和地毯组成了大面积背景色，颜色清爽精致。

2. 床和床头柜的颜色都是浅色系，米白色的床搭配在墙面与地毯之间，有清透之感。床品的蓝灰色则与背景色形成呼应。

3. 空间整体用色纯粹干净，小面积的金色适宜地点缀在空间中。造型特别的壁灯、地毯上点缀的一抹橙黄色、床头柜上的一本书，这些暖色调的细节让空间有了家的温暖。

1. 这是一个灰色调的空间，色彩、家具和灯具的材质都是轻奢风格的经典表达。

2. 空间中的重色由地面、远处的圆凳和窗帘组成，主体家具餐椅的颜色比墙面的颜色略深，配色雅致。

3. 单人沙发的橙色和家具细节处的金色属同一色系，将其小面积地运用于空间中，与背景色形成对比，让空间更显精致唯美。

背景色【墙面、地面】
浅灰色、米白色、原木色

点缀色【家具】
橙色、金色

主体色【家具、窗帘】
灰白色、浅灰色、灰色

1. 本案的背景墙是最吸引人的部分，由黑、白、灰组成的几何图案，充满张力和时尚感。

2. 在背景色很丰富的情况下，空间中其他部分的设计基本采用纯色，并且是围绕背景色进行搭配的，因此显得和谐而不冲突。

3. 金色的点缀让整个空间的奢华感更加浓厚。

背景色【墙面】
浅灰色、米白色、中灰色、黑色

主体色【家具、床品】
米白色、浅灰色、深灰色

点缀色【装饰细节】
金色

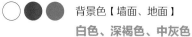

背景色【墙面、地面】
白色、深褐色、中灰色

主体色【家具、窗帘】
浅褐色、黑色、米灰色

点缀色【装饰细节】
古金色

背景色【墙面、地面、窗帘】
米灰色、咖啡色、深褐色

主体色【家具、床品】
普鲁士蓝、米色、褐色

点缀色【装饰细节】
古金色、蓝灰色

1. 深褐色的墙面和中灰色的地面颜色偏深，都属于具有稳定感的色彩。

2. 主体家具的色彩与空间中的背景色融合统一。

3. 通过顶面、窗帘、沙发和餐椅的浅色，拉开色彩搭配的层次，同时也增加了空间的明亮感。

1. 褐色系的背景色搭配普鲁士蓝的主体色，色彩有对比，开放度高。此空间的颜色都偏深，给人十分沉稳的感觉。

2. 床上用品选用了米色系，相对其他颜色来说，米色是空间中最浅的颜色，起到了局部提亮空间的作用。床上的装饰搭毯是深色，与窗帘呼应，空间整体的色彩是偏沉稳的。

3. 墙面镜和吊灯细节选用了不同类型的金色，让空间在关联中不乏变化。

1. 这是一个明亮、惬意、温柔似水的空间。

2. 浅色的背景色适合在居室空间运用，主体家具的颜色大部分和墙面颜色一致。空间中的浅色面积较多，能带给人窗明几净、身心愉悦的感受。

3. 色相差别不大的蓝色系运用在空间中，给人以如天空和海洋般的清爽感。

> 尚舍一屋

背景色【墙面、地面】
米白色、奶茶色、浅褐色

主体色【家具、窗帘、地毯】
米白色、蓝鸟色、海军蓝

点缀色【家具、装饰细节】
橙黄色、金色

1. 本案是常见的轻奢风格配色。咖啡色系打底，用浅色的主体色来提亮空间，同时让空间用色有轻重平衡关系。

2. 搭毯的装饰球细节和墙面上的装饰画气质呼应。地毯的条纹图案为空间增添了更多的时尚感。

3. 床尾对面的一抹水蓝色让空间显得更加生动。

> 千寻软装设计

背景色【墙面、地面、地毯】
浅灰色、深咖色

主体色【家具、床品、窗帘】
米白色、浅灰色、浅橙色

点缀色【抱枕、地毯、装饰毯】
橙色、水蓝色

> 益善堂设计

1. 褐色的背景色和床上用品的颜色一致，床在两者之间形成过渡。

2. 黄色和金色属同一色系，点缀在空间中，能让空间摆脱沉闷，使其活跃起来。蓝色抱枕的加入更是增加了色彩的开放度。

3. 两侧墙面的色彩是白色，与床品颜色相呼应，但又区别于床头背景墙的深色，让空间颜色更有层次感。

背景色【墙面】
褐色、白色、原木色

点缀色【抱枕、装饰摆件】
黄色、金色、蓝色

主体色【家具、床品、窗帘】
米白色、褐灰色

1. 本案通过背景色、主体色和点缀色三个层面的设计，呈现出有趣、摩登的格调。

2. 背景色为大面积的米白色，窗帘的颜色和背景色一致，保持了空间立面用色的统一。

3. 地面的黑白格拼色地砖为空间奠定了摩登的设计基调。

4. 在主体家具的选择上，尝试通过多个颜色组合增加有趣的质感。同时，控制了用色的比例，与空间的色彩表达融洽协调。

5. 整体空间的色彩搭配饱含艺术感。

背景色【墙面、地面、窗帘】
米白色、黑白格、浅褐色

主体色【家具、地毯】
米色、普鲁士蓝、橄榄绿、浅褐色

点缀色【抱枕、装饰细节】
酒红色、银色、古金色

1. 墙面色彩与床屏的色彩和谐统一。

2. 地板的颜色偏红，床品运用明快、高饱和度的爱马仕橙，与地板色彩相呼应。

3. 蓝灰色与爱马仕橙为对比色系，运用在地毯上，增加空间色彩的开放度，几何图案的地毯富有时尚感。

4. 床头柜的几何图形与地毯的图案相呼应。

5. 床头柜小面积黑色的运用起到了平衡、呼应空间用色的作用。

6. 飘窗上水蓝色的画和窗帘呼应地毯上的蓝灰色，画面内容让空间的时尚氛围更浓。

> 观夏营造设计

背景色【墙面、地面】
浅咖色、红褐色

主体色【家具、床品、地毯】
浅咖色、爱马仕橙、蓝灰色

点缀色【家具细节、装饰画】
水蓝色、黑色

> 潘旭强设计

1. 本案色彩受环境光源的影响，让人感觉所有色彩是融合在一起的，完整度极高。

2. 如把灯光忽略，可以看出空间用色的有序性：墙面深，床屏浅，抱枕深，床上用品和床尾沙发浅，搭毯深，地毯浅，电视柜深。空间内的配色十分考究并富有层次感。

3. 金色是适合作为任何轻奢空间点缀色的色彩，在灯光的衬托下，熠熠生辉。

背景色【墙面、地毯】
浅咖色、咖啡色、米黄色

点缀色【装饰毯、装饰摆件】
深灰色、金色

主体色【家具、窗帘】
米白色、奶茶色、浅咖色

> 吴涛空间设计

1. 这是一个用色自然清新的空间，沙发背景墙的原木色和电视柜的颜色相呼应，给人温暖舒适的感觉。

2. 主沙发的颜色与地面和空间墙面的灰、白色系一致。

3. 窗帘、地毯和墙面装饰画的灰色，介于原木色与米白色之间，给空间带来用色的平衡。

4. 钴蓝、墨绿点缀在空间中，虽然单独看这两个颜色不是特别清爽，但放在空间中，在周围色彩的对比下，给人以舒适感。

5. 金属材质的装饰摆件，让这个配色小清新的空间有了轻奢的质感。

背景色【墙面、地面、地毯】
原木色、米白色、灰色

主体色【家具、窗帘】
米白色、灰色、原木色

点缀色【地毯、抱枕、装饰摆件】
墨绿、钴蓝、金色

1. 这是一个用色偏深，但给人感觉时尚年轻的空间。

2. 从色彩来分析，背景色、主体色和点缀色都是经典的搭配方式。

3. 床上用品的肌理、搭毯的丝质感、家具的皮革材质、地毯的图案、立体装饰画，以及吊灯的造型和材质，这些细节和色彩一起，明确了空间的轻奢基调。

> 臻品空间设计

 背景色【墙面、地面】
褐色、米白色、深褐色

 点缀色【家具、装饰摆件】
橙红色、橙色

 主体色【家具、床上用品、窗帘、地毯】
白色、浅褐色、褐色

1. 这是一个暖色系的空间，背景色和主体色基本保持一致。

2. 运用橙红色和蓝灰色这组对比色，增加了色彩的开放度。

3. 蓝色偏灰用在地毯上，能给人带来稳定感。

4. 橙红色偏鲜艳，而且饱和度高，运用在床上用品和装饰抱枕上，点缀效果突出。同时，橙红色和空间的色彩基调相近。

5. 橙红色和蓝灰色这样的搭配方式，能让空间的色彩有变化，而且不会对主色彩基调造成影响。

 背景色【墙面、地面】
奶茶色、浅褐色

 点缀色【床品、装饰摆件】
橙红色、金色

 主体色【家具、地毯】
奶茶色、褐色、蓝灰色

软装陈设实例解析

> GNU 金秋设计

‖ 软装造型 ‖

直线条、弧线条

‖ 空间色彩 ‖

浅灰色、原木色、金色、靛蓝

‖ 软装材质 ‖

皮革、大理石、不锈钢、水晶

‖ 软装陈设表现 ‖

　　大面积为灰色调的空间，在局部点缀了原木色，自然且优雅。软装陈设造型时尚清新，并搭配皮革、大理石、不锈钢等材质，以表达轻奢的质感。装饰吊灯的时尚感和家具风格一致，整个空间通过不同元素的相互呼应、融合，表达统一的气质。

本案硬装造型偏硬朗，整体空间显得理性干练。床和贵妃椅的造型都有圆润的弧形，丝绒面料烘托出柔和的质感，床头柜和边柜的造型则和硬装造型相呼应。色彩决定了空间的气质方向，大面积的暖色和藕荷色配合材质的光泽感，营造出温润的轻奢气质。

‖ 软装造型 ‖

弧形、直线条、几何造型

‖ 软装材质 ‖

丝绒、金属、羊毛

‖ 空间色彩 ‖

奶茶色、藕荷色、蓝灰色、金色

‖ 软装陈设表现 ‖

这个空间的色彩都是灰色调，以钴蓝色作点缀，整体色调偏冷，都市感十足。家具的主要造型，如三人沙发、电视柜都是硬朗的造型，组合茶几和单人沙发的造型时尚且富有质感，羊毛地毯则为空间带来了温度。皮革相比布艺，在硬度和光泽感上更强，也更适合用在表达都市时尚气质的空间。

‖ 软装造型 ‖

直线条、弧形、几何造型

‖ 软装材质 ‖

皮革、绒布、大理石、不锈钢、羊毛

‖ 空间色彩 ‖

中灰色、浅灰色、米白色、钴蓝

‖ 软装陈设表现 ‖

本案空间的墙面和家具多为直线条造型，同时家具的组合表现出了硬朗的气质。通过整体偏灰的色彩和能够表达轻奢感的材质，如绒布、不锈钢和水晶等，打造轻奢风格的时尚感。装饰画符合空间的整体基调，其黑白色的搭配与空间色调相融合。画面内容的几何图形与地毯呼应，时尚且复古。

‖ 软装造型 ‖

直线条、几何图形

‖ 软装材质 ‖

绒布、大理石、不锈钢、水晶

‖ 空间色彩 ‖

灰白色、浅褐色、灰色、金色

‖ 软装陈设表现 ‖

餐桌、餐椅和餐边柜的造型都是圆润的弧形，灵动时尚。金属材质的装饰屏风隔断也与家具呼应，有弧形的细节。餐边柜的拉手、台灯、装饰画，都是与空间气质相匹配的设计表达，光泽感十足。通过搭配高级的灰调色彩，营造出一个时尚个性的室内空间。

‖ 软装造型 ‖

直线条、弧线

‖ 软装材质 ‖

绒布、大理石、不锈钢、亮光漆

‖ 空间色彩 ‖

灰白色、金色、孔雀绿

> 香榭蒂设计

‖ 软装造型 ‖

直线条、弧形、几何造型

‖ 软装材质 ‖

皮革、绒布、金属、羊毛

‖ 空间色彩 ‖

米白色、褐色、橙色、金色

‖ 软装陈设表现 ‖

　　本案硬装墙面没有过多装饰，通过软装陈设定位空间的气质。运用具有华丽感的材质，如皮革、绒布、金属等提升室内装饰的品质。以饱和度高的橙色作为点缀，搭配抱枕、羊毛装饰毯等，让空间散发出明显的时尚气息，空间的气质定位明确。饰品陈设的选择符合空间整体的气质定位，具有时代感和装饰性。

‖ 软装造型 ‖

弧形、不规则几何造型

‖ 软装材质 ‖

皮革、绒布、大理石、不锈钢、玻璃

‖ 空间色彩 ‖

灰色、米白色、钴蓝、天蓝、金色

‖ 软装陈设表现 ‖

　　墙面没有过多装饰，而软装陈设则带有奢华的复古感。家具的造型细节丰富，装饰凳的造型设计感和装饰感十足。空间中皮革、大理石、不锈钢等材质营造出华丽的质感，色彩和图案肌理则将主体气质更加深入地表达出来。地毯和抱枕的图案纹样以及墙面装饰画中的内容，都是极具视觉冲击力的几何纹样，不仅富有装饰性，而且也是空间气质最明确的表达。

> 元禾大千设计

‖ 软装陈设表现 ‖

　空间色调是在统一的灰色调中做冷暖的变化。家具造型时尚大气，围合式的主沙发将空间布局设计得更具私密感，在这里围坐聊天、洽谈，都是极佳的体验。家具材质基本都是亚光的，具有低调的高级感，而且舒适度高。搭配少量亮光材质，如茶几、装饰吊灯作为点缀，设计表达张弛有度。此外，装饰品的选择也极具当代艺术美感。

‖ 软装造型 ‖

直线条、弧线条

‖ 空间色彩 ‖

原木色、浅褐色、浅灰色、绿灰色、墨绿色、金色

‖ 软装材质 ‖

棉麻、亚光绒布、皮革、玻璃、不锈钢、羊毛

> 印象空间设计

‖ 软装陈设表现 ‖

　空间中墙面的装饰细节丰富，电视墙用不同材质做了分隔式的装饰，沙发背景墙则设计了屏风装饰。在此基础上，软装陈设物品的色彩和气质与背景相同。同系列的造型所选用的材质都有光泽感，在同色调的作用下，统一和谐。通过局部的色彩，如单人沙发、窗帘的蓝色系与硬装色彩呼应。此外，装饰品摆件同样也在蓝白两色中做选择。

‖ 软装造型 ‖

直线条、弧形

‖ 空间色彩 ‖

米白色、原木色、金色、蒂芙尼蓝、钴蓝

‖ 软装材质 ‖

绒布、皮革、大理石、不锈钢、亮光漆

> 杏烟带设计

‖ 软装造型 ‖

直线条、弧形

‖ 软装材质 ‖

绒布、大理石、亮光漆、金属不锈钢

‖ 空间色彩 ‖

浅灰色、浅褐色、深褐色、黑色、金色

‖ 软装陈设表现 ‖

　　整体空间气质低调高级，而且家具的造型都很注重细节和装饰感。绒布沙发、大理石茶几、亮光漆边几，都是奢华感的体现。装饰摆件的选择也与空间气质相呼应，其金色以及略带复古韵味的造型，与空间大基调和谐一致。

> 集艾设计

‖ 软装造型 ‖

弧形

‖ 软装材质 ‖

皮革、棉、羊毛、水晶、不锈钢

‖ 空间色彩 ‖

浅褐色、褐色、灰白色、浅金色

‖ 软装陈设表现 ‖

  面积不大的卧室空间，其软装可根据最基础的原则搭配。比如保持大面积色彩的一致性，然后通过统一的材质以及带有灰度的色彩，营造出高级的氛围。家具造型时尚大气，床和床尾凳的色彩与墙面一致。地毯与床上用品的色调，以及休闲椅与地面的色彩都相互呼应。整体空间用色干净利落，高级感呼之欲出。

‖ 软装陈设表现 ‖

从软装陈设主题可以看出，这是一个天文爱好者的书房。空间中的家具造型以直线条为主，亚光显纹的木质桌面让人不禁联想到另一个星球表面不光滑的质感。在色彩搭配上，有冷感和暖感的差别，同时又平衡且互补。天文望远镜、星球画面的装饰画，以及书桌上、书柜里的装饰摆件，都是围绕天文主题进行搭配，很直观地给人引导和想象。

‖ 软装造型 ‖

直线条

‖ 软装材质 ‖

木材、亚光显纹漆、金属、羊毛

‖ 空间色彩 ‖

米白色、原木色、深灰色、浅灰色

‖ 软装陈设表现 ‖

轻奢风格的书房里，家具造型简洁大气，亮光的材质体现出了奢华感。绒布面料的窗帘和羊毛地毯增加了空间的温度。咖啡色调是轻奢风格中常用到的色彩，赋予空间理性和品质感。空间中地毯、装饰吊灯和墙面装饰画的圆形设计，让空间更生动活泼。

‖ 软装造型 ‖

直线条、圆形

‖ 软装材质 ‖

亮光漆、不锈钢、皮革、绒布、羊毛

‖ 空间色彩 ‖

浅灰色、咖啡色、褐色、灰色、金色

明媚的空间中,家具造型都有可爱俏皮的细节,如椅子的扶手、边柜的门和拉手。材质有精致奢华感,但因为大面积颜色都是纯白色系,所以没有给人很厚重的奢华感觉。明亮的白色让空间洋溢着纯粹的青春气息。装饰画上的珊瑚红饱满、装饰性强。空间中的装饰品造型也是具有动感的形态,时尚且活泼。

‖ 软装造型 ‖

直线条、弧形

‖ 软装材质 ‖

皮革、亚光漆、不锈钢

‖ 空间色彩 ‖

白色、原木色、浅咖色、金色、珊瑚红

> 集艾设计

‖ 软装陈设表现 ‖

现代轻奢风格的书房空间内,软装的造型、材质和色彩都明确地表达主题。装饰摆件数量虽然不多,但都点睛到位。空间中比较特别的是装饰画,画面内容为空间增加了趣味性和艺术感。紫色和黄色是互补色,小面积色彩的装饰让空间更加生动。

‖ 软装造型 ‖

直线条

‖ 软装材质 ‖

棉、亮光漆、不锈钢

‖ 空间色彩 ‖

浅灰色、黑色、金色、紫灰色、明黄色

在色调温润的空间中，弧形的书桌没有直线条那么生硬，其圆润温柔的气质与整体空间的色彩相呼应。材质有亮感，但不会太亮，半亚光的光泽感适合空间温润柔和的大基调。地毯的色彩中和了空间中所有的颜色，地毯的几何图形为这个柔和的空间带来了生动感。装饰品同样都是圆润的造型，少数几件与地毯的几何图案相互呼应。

> 香榭蒂设计

∥ 软装造型 ∥

直线条、弧形、几何图形

∥ 软装材质 ∥

皮革、亮光漆、亚光漆、不锈钢、绒布、羊毛

∥ 空间色彩 ∥

奶茶色、原木色、浅金色、黑色

> 香榭蒂设计

‖ 软装陈设表现 ‖

　　这个空间的软装陈设是轻奢空间中比较经典的。皮革硬包的墙面上由不锈钢线条装饰细节。家具造型经典大气，皮革、亮光漆材质表达奢华感。同时，餐椅椅背的皮革面料、造型设计，以及餐桌侧边不锈钢线条的点缀，这些细节都突出了空间的轻奢气质。本案在色彩搭配上以暖色系为主，轻奢且不失温馨感。

‖ 软装造型 ‖

弧形、直线条

‖ 软装材质 ‖

皮革、亮光漆、金属不锈钢、玻璃

‖ 空间色彩 ‖

浅咖色、黑色、米白色、深灰色、金色

‖ 软装造型 ‖

弧形

‖ 软装材质 ‖

丝绵、大理石、不锈钢、羊毛

‖ 空间色彩 ‖

蓝灰色、浅褐色、褐色、明黄色、宝蓝色

‖ 软装陈设表现 ‖

　　这个客厅空间面积不大，用明亮的色彩能让空间的舒适度更高。家具的造型都有优美的弧线，柔和、不生硬。丝绵的光泽感和茶几的质感，表达出了奢华的细节。羊毛装饰毯和皮毛地毯，为空间增加了温度。

‖ 软装造型 ‖

弧形、直线条、几何造型

‖ 软装材质 ‖

装饰麂皮、大理石、不锈钢

‖ 空间色彩 ‖

浅灰色、米白色、浅金色

‖ 软装陈设表现 ‖

　　用色统一的空间里，家具色彩与背景色保持一致。麂皮材质的餐椅，舒适的亚光材质搭配浅金色的不锈钢，是高级感的表达。吊灯和墙面的装饰镜，装饰感十足。空间整体软装陈设低调，细细品味就能感受到精致优雅的气质。

‖ 软装陈设表现 ‖

　　整体空间用色考究，稳重大气。由于家具的款式属于同一个系列的组合，因此搭配起来整体感很强。由于本案中家具的造型偏厚重，与墙面考究的色彩组合后略显严肃，因此，为其搭配几何图案的地毯，让空间瞬间生动起来。地毯的几何图案是具有阵列感的图形，将其搭配在空间中，能增加软装陈设的层次。

‖ 软装造型 ‖

弧形、直线条、几何图形

‖ 空间色彩 ‖

深褐色、浅褐色、紫灰色、深灰色、金色

‖ 软装材质 ‖

亚光皮革、亮光漆、不锈钢、水晶

‖ 软装陈设表现 ‖

　　空间中硬装部分用到的材质比较丰富，浅灰色调搭配深咖色，在轻奢中表现复古感。家具的色彩延续了空间的背景色，以咖啡色同色系的橙灰色作为点缀，让空间的复古韵味更为浓厚。皮革、绒布、大理石、不锈钢、水晶这些自带奢华感的材质，则为空间营造出了轻奢的高级感。

‖ 软装造型 ‖

直线条、弧形、几何圆形

‖ 空间色彩 ‖

浅灰色、深灰色、深褐色、橙灰色

‖ 软装材质 ‖

皮革、绒布、大理石、不锈钢、水晶、羊毛

‖ 软装造型 ‖

弧形、直线条

‖ 软装材质 ‖

皮革、丝绵、不锈钢

‖ 空间色彩 ‖

奶茶色、原木色、藕荷色、米灰色、浅金色

‖ 软装陈设表现 ‖

　　用色雅致的空间在暖色系里做色彩变化，并增添浅金色以增加空间的高级感。家具造型都是弧形，温和不生硬，且都是半亚光材质。尽管墙面的装饰壁挂和飘窗上的装饰盒都为几何造型，有时尚感和趣味性，但空间的整体基调仍然是女性化的。柔和的造型、雅致的色彩、亚光的材质，搭配着飘窗上的艺术花器，是让空间充满女性特色的设计表达。

空间中的家具造型都有一些精致的细节，比如沙发面料的褶皱、茶几的金属亮面、电视柜的金属复古拉手、边几的不锈钢细节装饰。通过软装的造型和材质，凸显空间装饰的轻奢质感。特立独行的装饰画让空间变得更加具有男性特质，电视柜上的装饰摆件则呼应了装饰画的格调。

‖ 软装造型 ‖

弧形、直线条

‖ 软装材质 ‖

亚光皮革、亚光漆、不锈钢、水晶

‖ 空间色彩 ‖

米白色、浅灰色、浅褐色、深褐色、金色

‖ 软装陈设表现 ‖

时尚年轻有活力的空间内，家具都是弧线造型或者是圆柱形的。轮廓圆润的家具容易让人产生可爱温柔的印象。绒布面料光滑、柔软，搭配马卡龙色系，由此可以判断本案空间的设计基调具有女性特质。在装饰细节上，搭配浅金色的不锈钢线条，完美地提升了空间的精致度。

‖ 软装造型 ‖

弧形、直线条

‖ 软装材质 ‖

绒布、不锈钢、大理石、皮革

‖ 空间色彩 ‖

米白色、浅灰色、浅蓝色、蓝灰色、橙灰色、金色

‖ 软装陈设表现 ‖

　　本案空间软装陈设的造型、材质和色彩十分统一。家具造型主要体现在组合式茶几和单人沙发的扶手处，搭配皮革、拉丝不锈钢、爵士白大理石等材质，提升空间的品质感。橙色的运用容易让人联想到爱马仕橙，它是轻奢风格中的代表色。在本案中，橙色营造的阳光感和华丽感，与软装陈设气质和谐统一。

‖ 软装造型 ‖

直线条、弧形

‖ 软装材质 ‖

皮革、大理石、不锈钢、绒布、羊毛

‖ 空间色彩 ‖

浅褐色、灰色、橙色

‖ 软装陈设表现 ‖

　　墙面和家具造型都中规中矩，空间气质主要通过色彩和装饰品来营造。钴蓝色为这个暖色系的空间带来了精致感，而且能让人联想到蓝天或海洋，有着自然灵动的美感。地毯的图案纹理和墙面的壁挂装饰都具有轻盈灵动的美感。造型和色彩都相对沉稳的空间被这些元素赋予了全新的活力。

‖ 软装造型 ‖

直线条、灵动的线条

‖ 软装材质 ‖

木材、丝绵、不锈钢、羊毛

‖ 空间色彩 ‖

咖啡色、原木色、浅灰色、钴蓝、金色

空间的整体基调是中性化或更偏向男性化的。首先，空间中的色彩几乎都是运用无彩色系或是偏灰的中性色，营造出具有商务感和都市感的氛围。其次，家具造型经典稳重，而且有着奢华的细节设计。在家具的局部点缀普鲁士蓝和橙灰色，没有对空间的装饰风格造成影响。装饰画和装饰壁挂的色调与空间色彩保持一致，不仅装饰感强烈，而且没有一丝突兀感。

‖ 软装造型 ‖

弧形、直线条、几何图形

‖ 软装材质 ‖

亚光皮革、大理石、绒布、不锈钢

‖ 空间色彩 ‖

浅灰色、深灰色、灰白、普鲁士蓝、橙灰色、金色

‖ 软装陈设表现 ‖

灰色调的空间营造出都市清朗的气质，干净利落。家具都是具有摩登感的造型，搭配亚光感的皮革和棉麻材质，富有低调的奢华感。墙面的组合色块装饰感极强。在一整组色块里，有三个原本可以放色块的地方空着，让墙面装饰更具灵动效果。装饰品在极大程度上增加了整体空间的精致感。

‖ 软装造型 ‖

弧形

‖ 软装材质 ‖

皮革、棉麻、大理石、不锈钢、羊毛

‖ 空间色彩 ‖

灰色、浅灰色、黑色、蓝紫色

‖ 软装陈设表现 ‖

　　造型、材质、色彩简单直白地表达同一种气质。空间中的色彩趋于保守、稳定，并在同一色相中做色彩的明暗深浅变化。局部有小面积的互补色点缀，但不影响空间温和稳重的气质。玻璃花器和装饰吊灯为空间增添了奢华感。

‖ 软装造型 ‖

直线条、弧形

‖ 软装材质 ‖

皮革、亮光漆、不锈钢、玻璃、羊毛

‖ 空间色彩 ‖

奶茶色、深褐色、浅灰色、浅褐色、金色

本案空间主要是通过色彩营造出适合女孩居住的氛围。家具在造型设计上，都有弧形圆润的细节，显得柔和雅致。此外，绒、装饰细节上的兔毛、针织材质，都在无形之中增加了空间的温暖感。

‖ 软装造型 ‖

弧形、直线条、几何造型

‖ 软装材质 ‖

绒布、棉、大理石、不锈钢、亮光漆

‖ 空间色彩 ‖

白色、浅灰色、淡紫色、粉灰色、金色

‖ 软装陈设表现 ‖

空间中的家具造型和色彩搭配都相对传统和保守，具有稳定感和成熟的气质。空间中最亮眼的装饰是吊灯，其为全水晶材质，开灯后光泽感很强。吊顶上的不锈钢条和精致的烛台，在很大程度上提升了空间的奢华感。

‖ 软装造型 ‖

直线条、弧形、几何造型

‖ 软装材质 ‖

皮革、大理石、不锈钢、水晶

‖ 空间色彩 ‖

浅咖色、咖啡色、金色、橙黄色

‖ 软装陈设表现 ‖

　　用色统一的轻奢空间通过艺术装饰品提升质感。家具选用的是同系列的产品，造型、材质和色调都一致。艺术屏风对称装饰，屏风上的镜面材质增加了空间的仪式感和装饰性。沙发后墙面的壁挂装饰也极具艺术气质。多而不乱的装饰品让空间显得饱满成熟。

‖ 软装造型 ‖

直线条、弧形

‖ 软装材质 ‖

皮革、绒布、不锈钢、木材、镜面、水晶

‖ 空间色彩 ‖

蓝灰色、浅咖色、咖啡色、紫灰色、原木色、金色

‖ 软装陈设表现 ‖

　　硬装色调高级的空间内，壁纸的肌理增加了装饰细节。家具以主沙发圆润的弧形造型为搭配主线，再选择与之匹配的茶几、休闲椅、圆凳和边几，同时搭配地毯的纹样，整体组合呈现一种流动的美感。装饰画画面唯美，搭配时尚的装饰摆件，让空间充满灵动的时尚感。

‖ 软装造型 ‖

弧形、直线条

‖ 软装材质 ‖

绒布、大理石、不锈钢、亮光漆、羊毛

‖ 空间色彩 ‖

浅褐色、深褐色、米白色、绿灰色

有趣、生动、丰富、够潮，是这个空间给人的直观印象。墙面的线条和隔断都具有装饰性，沙发造型时尚，与组合式的茶几造型不一样，但放在一起的调性是融合的。地毯、休闲单椅、抱枕都有动感好看的图案，边柜上装饰画的摆放方式十分自由并富有艺术感。空间中有丰富的图案纹理和装饰品组合，用同色系表达，避免了没有装饰重点的问题。在咖色系的空间中，点缀一抹普鲁士蓝、橙红色，恰到好处地起到了点睛作用。

‖ 软装造型 ‖

直线条、弧形、不规则几何造型

‖ 软装材质 ‖

棉、皮革、亮光漆、不锈钢、羊毛

‖ 空间色彩 ‖

浅咖色、浅灰色、咖啡色、黑色、金色、普鲁士蓝、橙红色

‖ 软装陈设表现 ‖

　　硬装造型丰富，壁纸有几何图案，配色以暖色调为主。家具的造型和材质经典时尚。将橙色用在餐厅，能够增加用餐的愉悦感。整体空间通过皮革、颜色和水晶吊灯，打造出奢华的高级感。

‖ 软装造型 ‖
直线条、弧形

‖ 软装材质 ‖
皮革、大理石、亮光漆、绒布、不锈钢、水晶

‖ 空间色彩 ‖
浅咖色、橙色、灰白色、深褐色

‖ 软装陈设表现 ‖

　　大面积的灰色调营造出了客厅区域的高级感。家具造型经典、大气，搭配有肌理感的面料，精致的细节提升了整个空间的品质。将橙色运用在抱枕和花艺上，让空间氛围显得更加温暖活跃。

‖ 软装造型 ‖
直线条、弧形

‖ 软装材质 ‖
皮革、大理石、亮光漆、绒布、不锈钢、水晶

‖ 空间色彩 ‖
浅咖色、橙色、灰白色、深褐色

∥ 软装造型 ∥

直线条、弧形

∥ 软装材质 ∥

皮革、亚光漆、大理石、镜面、不锈钢

∥ 空间色彩 ∥

米白色、红褐色、浅金色、咖啡色

∥ 软装陈设表现 ∥

　　墙面造型统一，家具造型也与之呼应。空间中的装饰材质都是带有奢华感的皮革、不锈钢、镜面等，整体基调奢华并富有质感。通常在书柜里摆放装饰品时，容易因为装饰品数量过多，导致看起来凌乱。然而在本案中，书柜里的摆件与空间气质统一，注重陈列的美观和平衡，因此没有视觉上的凌乱感。

∥ 软装造型 ∥

弧形、几何造型

∥ 软装材质 ∥

皮革、大理石、亮光漆、不锈钢、水晶

∥ 空间色彩 ∥

浅褐色、米白色、金色、橙黄色、柠檬黄

∥ 软装陈设表现 ∥

　　餐桌下方的造型非常有设计感，通过大理石、皮革、不锈钢三种材质的搭配，提升品质感。选用造型经典的餐椅，皮革面料与餐桌气质统一。空间中的用色是稳重经典的，小面积点缀橙黄色和柠檬黄，饱和度高的色彩让氛围更生动。

‖ 软装造型 ‖

直线条、不规则的几何造型

‖ 软装材质 ‖

棉、亮光漆、绒布、羊毛、不锈钢

‖ 空间色彩 ‖

灰白色、深灰色、浅灰色、金色

‖ 软装陈设表现 ‖

　　空间中深色的墙面有着复古的装饰感。在背景色都是深色的大基调下，软装陈设是浅色的。床的造型与墙面造型呼应，床头柜的拉手和墙面的壁挂都非常有装饰感。个性的装饰与空间个性的色彩搭配匹配。棉、羊毛等质地的床上用品，柔化了空间复古、个性的气质，为卧室空间增加了温暖感。

‖ 软装造型 ‖

直线条、弧形

‖ 软装材质 ‖

绒布、大理石、不锈钢、羊毛

‖ 空间色彩 ‖

米白色、灰白色、蓝灰色、金色

‖ 软装陈设表现 ‖

　　轻奢空间如果整体搭配的色彩都是浅色，那么需要用重量感的装饰来平衡。金属不锈钢材质是表达轻奢风格不可或缺的元素，在这个空间中，地面、墙面、顶面都有不锈钢材质的装饰。通过墙面醒目的黑色装饰边条、深色的抱枕、黑色的灯罩，呼应金色不锈钢的重量感，平衡了空间的软装陈设关系。

‖ 软装陈设表现 ‖

以"蒂芙尼的早餐"为主题的空间，软装陈设都围绕女性特质来选择。家具造型经典优雅。温暖、明亮、精致的材质在装饰中的作用，就像珠宝之于女性，是美好华丽的装饰。用蒂芙尼蓝点缀在暖色系的色彩基调里，精致而舒缓。大幅面的装饰画是本案软装搭配中的点睛之笔，画面中亦有蒂芙尼蓝的运用，与空间配色形成了关联。

‖ 软装造型 ‖

直线条、弧形、几何造型

‖ 软装材质 ‖

绒布、大理石、不锈钢、羊毛

‖ 空间色彩 ‖

浅灰色、米白色、原木色、水蓝、金色

‖ 软装陈设表现 ‖

从主沙发的颜色和墙面的装饰壁挂可看出本案空间的设计主线是营造绿野仙踪般的场景。硬装简洁大气，同时搭配了不锈钢线条作为装饰细节。家具造型都有优美的弧线，生动时尚。主沙发选用墨绿色，色彩浓郁，体量感大。造型圆润的茶几，与主沙发气质呼应。艺术感十足的飞鸟墙饰为客厅环境营造出唯美的氛围。

‖ 软装造型 ‖

弧形、直线条、几何图形

‖ 软装材质 ‖

绒布、皮革、不锈钢、亮光漆、羊毛

‖ 空间色彩 ‖

米白色、浅褐色、墨绿、金色、咖啡色

‖ 软装陈设表现 ‖

　　空间整体气质沉稳而奢华，色调虽统一，却搭配了跳跃的色彩进行点缀。大面积运用质感高级的半亚光材质，搭配小面积亮光材质点缀，使半亚光材质更具有沉稳感。沙发的造型属于同一种风格，统一且规整。空间中硬装部分的不锈钢边条、茶几的不锈钢材质、水晶吊灯，以及橙色亮丽的抱枕和花艺，都是表达轻奢气质的装饰。

‖ 软装造型 ‖

直线条、弧形、几何造型

‖ 软装材质 ‖

绒布、皮革、亚光漆、不锈钢、水晶

‖ 空间色彩 ‖

浅褐色、深褐色、浅灰色、深灰色、金色、橙色

　　空间中的软装陈设极具个性和装饰感。餐桌的桌腿造型摩登有趣，餐椅造型特别，铜钉细节和装饰吊穗的搭配是充满矛盾的融合美。装饰吊灯的造型和餐桌桌腿的造型相呼应。壁柜里的装饰品和装饰画画面都围绕空间个性的主题展开。色彩搭配在灰暗色调中做变化，与空间的整体气质十分贴合。

‖ 软装造型 ‖

直线条、弧形

‖ 软装材质 ‖

亮光漆、绒布、铜钉、大理石、不锈钢

‖ 空间色彩 ‖

深褐色、浅灰色、灰蓝色、灰色、金色

灰色调的卧室空间里，软装陈设的造型和色彩表达都很低调，并在同色系中做了明度上的变化。通过浅灰、中灰和深灰色的合理搭配，让空间中的色彩关系平衡且有层次。富有光泽感的床上用品、大理石，以及床头柜上方的艺术装饰吊灯，都让这个低调的空间透露出了高级感。

‖ 软装造型 ‖

直线条、圆形

‖ 软装材质 ‖

棉、绒布、大理石、亚光漆

‖ 空间色彩 ‖

中灰色、浅灰色、深灰色、浅褐色、褐色

‖ 软装陈设表现 ‖

"轻装修、重装饰"已经是家居设计中流行了好几年的口号。当人们越来越重视软装时，硬装部分的设计就变得极少。在这个餐厅空间中，硬装简洁，家具的选型和配色都是经典款。装饰画和餐桌上的花器的图案纹样一致，面积比较大，黑白相间的纹样富有冲击力的搭配让原本平淡的空间变得精彩无比。

‖ 软装造型 ‖

直线条、弧形、几何圆形

‖ 软装材质 ‖

大理石、皮革、玻璃、陶瓷、不锈钢

‖ 空间色彩 ‖

浅褐色、深褐色、灰白色、黑色、白色

空间中的软装陈设以灰色为主，酷感十足。家具的造型都是经典大气的款式，皮革搭配棉质布艺，展现现代都市感。亮光的装饰凳选用了咖啡色，与背景中的灰色调搭配增加了稳重感和考究感。家具和窗帘都是深色，通过浅色地毯提亮空间。花器、装饰品和茶几的金色不锈钢也是提亮空间的软装细节。

‖ 软装造型 ‖

直线条、弧形

‖ 软装材质 ‖

棉、皮革、大理石、不锈钢、羊毛

‖ 空间色彩 ‖

深灰色、浅灰色、咖啡色、灰白色、金色、黑色

空间中的材质搭配适宜，有柔软材质带来的温暖感，有硬朗材质带来的奢华感，整体配色也精致时尚。石膏线条切割的墙面十分有装饰感，家具的造型气质统一。家具面料运用了温暖并有华丽感的绒布，在色彩上，米白色与水蓝、钴蓝搭配，营造了舒适的氛围。茶几和边几用了大理石和不锈钢材质，体现奢华感。墙面的装饰画组合则为空间增加了更多的生活气息。

‖ 软装造型 ‖

直线条、弧形

‖ 软装材质 ‖

绒布、大理石、不锈钢、装饰铜钉

‖ 空间色彩 ‖

浅灰色、米白色、钴蓝、水蓝、金色

‖ 软装陈设表现 ‖

　　这是一个干净利落、极富现代都市气质的书房空间。书柜造型简约，亮光漆材质时尚感十足，褶皱的面料让书椅有了丰富的美感。装饰品的选择不但精致、富有艺术气质，而且表达出了青春的活力。空间整体用色统一、高级，灯带的光源和金色的台灯看似不经意，实则起到了点睛的作用。

‖ 软装造型 ‖

直线条、弧形

‖ 软装材质 ‖

皮革、亮光漆、亚光漆、不锈钢

‖ 空间色彩 ‖

灰白色、深灰色、金色

‖ 软装陈设表现 ‖

　　如同电影场景般的配色，是这个空间的最大亮点。家具的造型和材质具有典型的轻奢特质。背景色是大面积的水蓝色，设计师将主沙发的颜色大胆定为橙黄色，同时为避免橙黄色与水蓝色的过渡生硬，加入钴蓝以平衡两色的明度差。水蓝色和橙黄色这组对比色，在空间中产生强烈的冲击力，水蓝色面积大，橙黄色面积小，明确了配色的主次关系。

‖ 软装造型 ‖

直线条、弧形、几何图形

‖ 软装材质 ‖

亚光皮革、大理石、绒布、不锈钢、羊毛

‖ 空间色彩 ‖

水蓝、灰白色、橙黄色、钴蓝、金色

‖ 软装陈设表现 ‖

　　这是一间有仪式感的轻奢风格餐厅，褐色和金色的搭配让空间显得沉稳且高级。家具的造型时尚，面料颇有细节，主体色与背景色融合统一。餐桌上选用明黄色的花卉进行装饰，与金色的吊灯呼应。花卉的色彩、别致的吊灯、器皿的透明质地，都让空间愈发明亮和精致。

‖ 软装造型 ‖

弧形、直线条、几何图形

‖ 软装材质 ‖

亚光皮革、亮光漆、不锈钢、水晶

‖ 空间色彩 ‖

深褐色、浅褐色、蓝灰色、明黄色、金色

‖ 软装陈设表现 ‖

通过黑玻璃材质的茶几，可以判断这是一个有轻奢艺术感的空间。沙发的面料是舒适度高的棉质面料，上面搭配了色彩饱和度较高的装饰抱枕，抱枕的色彩丰富了空间。与其色彩呼应的是墙面上装饰性极强的挂画，画中的靛蓝是最能体现华丽感的色彩之一。此外，装饰摆件的造型艺术感强烈，色彩高级，因此也是空间中亮眼的细节。

‖ 软装造型 ‖

直线条、圆形

‖ 软装材质 ‖

棉、黑玻璃、不锈钢

‖ 空间色彩 ‖

浅灰色、靛蓝、金色、深灰色

用色温和的书房内，家具的造型和材质也同样是温和的。从空间的整体色调和地毯上的几何图案，可以判断这个空间的使用者是比较年轻的。装饰品都是有动态艺术感的造型，增加了空间的活泼氛围。

‖ 软装造型 ‖

直线条、圆形、几何图形

‖ 软装材质 ‖

亮光漆、显纹漆、不锈钢

‖ 空间色彩 ‖

原木色、浅褐色、白色、浅灰色、金色

‖ 软装陈设表现 ‖

本案卧室空间从墙面到家具的造型都是直线条的，材质的色彩都是灰调的，皮革和棉麻布艺给人低调的高级感。装饰品的色调和床上的抱枕、装饰毯一致，都是黑白色的搭配。摩登时尚的黑白色搭配、浅金色的不锈钢材质，装饰细节精致，有看点。

‖ 软装造型 ‖

直线条

‖ 软装材质 ‖

棉麻、大理石、亚光漆、不锈钢

‖ 空间色彩 ‖

咖啡色、浅灰色、黑色、白色

主要编写人员介绍

王梓羲

毕业于北京交通大学环境设计专业，进修于中央美术学院
中国建筑装饰协会高级住宅室内设计师
中国建筑装饰协会高级陈设艺术设计师
二级花艺环境设计师
中国传统插花高级讲师
软装行业教育专家
家居流行趋势研究专家
ZLL CASA 设计创始人、创意总监
华诚博远软装部创意总监
菲莫斯软装学院高级讲师
亚太设计大赛家居优秀奖
国际环艺创新设计作品大赛二等奖
中国设计年度别墅空间组最具创新设计人物

从业十余年，致力于明星私宅、酒店、会所的室内设计，是倡导并积极实践"一体化整体设计理念"的先行者，主张通过空间的一体化设计，让居住空间实现物境、情境、意境的和谐统一。设计理念是"真实的灵感瞬间应该都来自于对生活的深层次记忆及感悟"。于2016年参编热销软装设计图书《室内装饰风格手册》《软装设计手册》等。

代表案例

山水文园别墅，私宅
优山美地别墅，私宅
新世界丽樽别墅，私宅
颐和原著别墅，私宅
三亚西山渡别墅，私宅
星河湾，私宅
富力十号，私宅
MOMA 北区，私宅
九章别墅，私宅
万科大都会，中式会所
固安梨园，中式会所
半岛燕山酒店
北京善方医院
白洋淀温泉度假酒店
北京国开东方西山湖，样板间
天津亿城堂庭，售楼处、样板间

赵芳节

设计界无界观的提出与倡导者，参编《软装设计手册》《室内设计配色手册》《室内装饰风格手册》等多部热销软装著作。室内设计联盟特约讲师、"金创意奖"特聘实战导师、中装教育特聘专家，多年来致力于研究日本色彩心理学及国际色彩理论体系。

徐开明

进修于中国美术学院，6年平面设计师工作经验，10年软装设计师工作经验，是国内专业从事软装设计工作的先行者。具有较高的审美意识和艺术鉴赏力，熟悉软装艺术的历史风格，精通软装设计流程与方案设计。

曾在浙江、江苏等地主持过多家知名房地产企业的样板间软装搭配，并应邀赴国内多家软装培训机构讲学。

龙涛

易配者软装学院创始人、敦煌国际设计周评委、中国软装美学空间设计大赛评委、国际商业美术师协会特聘讲师、ICDA高级室内设计师、中管院高级软装设计师。

著有《设计师成名接单术》《软装谈单宝典》《重构软装企业盈利新模式》《家居空间与软装搭配——别墅》《家居空间与软装搭配——豪宅》《100% 谈单成交术》。

敬告图片版权所有者

本书前后历时一年多时间整理编辑，在查阅了大量资料的同时，积极与本书刊登的图片版权所有者进行联系。其中部分图片版权所有者的姓名及联系方式不详，著者无法与其取得联系，敬请这部分图片版权所有者与著者联系（请附相关版权所有证明），以致谢忱。

扫码与本书主编
交流更多软装知识